高等院校"新工科"系列精品教材

# 产品构造设计

叶 丹
董洁晶
李 婷

著

化学工业出版社

·北京·

# 内 容 简 介

本书从产品设计的实际要求出发,将多个学科如社会学、生物学、人类文化学、机械学、美学等的相关知识有机纳入产品构造设计的研究中,内容包括:自然构造、人造物的构造、机能构造、机构、结构。其中重点探讨常用机构、柔顺机构、可展开机构、折纸机构的特点及其在产品设计中的应用。全书涵盖大量实例,理论联系实际,图文并茂,既专业又通俗易懂。书中配有大量教学视频,可扫书中二维码获取。

本书不仅可以作为工业设计、产品设计专业的教学用书,也可以作为产品开发人员、工程师在产品设计实务中的参考书。

**图书在版编目(CIP)数据**

产品构造设计/叶丹,董洁晶,李婷著. — 北京:
化学工业出版社,2023.1(2024.1重印)
高等院校"新工科"系列精品教材
ISBN 978-7-122-42411-2

Ⅰ.①产… Ⅱ.①叶… ②董… ③李… Ⅲ.①产品设
设 – 高等学校 – 教材 Ⅳ.①TB472

中国版本图书馆 CIP 数据核字(2022)第 198745 号

责任编辑:张 阳 装帧设计:水长流文化
责任校对:赵懿桐

出版发行:化学工业出版社(北京市东城区青年湖南街 13 号 邮政编码 100011)
印 装:北京新华印刷有限公司
787mm×1092mm 1/16 印张9 字数180千字 2024 年 1 月北京第 1 版第 2 次印刷

购书咨询:010-64518888 售后服务:010-64518899
网 址:http://www.cip.com.cn
凡购买本书,如有缺损质量问题,本社销售中心负责调换。

定 价:55.00 元 版权所有 违者必究

# 序

　　新一轮科学技术革命与产业变革的兴起，深刻地改变了国际竞争格局。各国纷纷大力推动教育体制改革和内容创新，筑牢人力资源根基。特别是在理工类院校中，"STEM"和"CDIO"教育理念和方法开始普及。STEM是科学（Science）、技术（Technology）、工程（Engineering）、数学（Mathematics）英文首字母的缩写，强调对学生四个方面的教育：一是科学素养，即运用科学知识理解自然界并参与影响自然界的过程；二是技术素养，即使用、管理、理解和评价技术的能力；三是工程素养，即对工程设计与开发过程的理解；四是数学素养，即发现、表达、解释和解决多种情境下的数学问题的能力。CDIO是构思（Conceive）、设计（Design）、实现（Implement）和运作（Operate）英文首字母的缩写，是以产品研发到产品运行的生命周期为载体，让学生以主动的、实践的、课程之间有机联系的方式学习工程。

　　这些教育理念的共同特征就是强化工程教育。因为工程能力是一种综合能力，对个人和团队意义重大。个人的工程能力包含心智因素、判断主次和先后的逻辑思维能力，以及持续将事情做好的规范等要素；团队的工程能力核心是发挥出团队有机体的系统能力。我国教育部于2017年在复旦大学召开了高等工程教育发展战略研讨会，提出了"新工科"的概念，并探讨了新工科建设与发展的路径选择。

　　设计具有科学性、社会性、实践性、创新性和复杂性等系统工程的特点。产品设计的过程从前期的"研究"阶段，延续到后期的"报废"阶段，一项工程的整个过程也是一项设计需要考虑的全部过程。设计不能代替工程的其余阶段，但好的设计贯穿于工程的各个阶段。所以，作为工科的工业设计专业教学要注入"工程思维"，研究"工程方法"，将新技术、新材料、新问题、新需求引入课堂。通过产业需求输入以及产业资源接入，为真实的世界而设计，培养学生结合产业实际的设计能力、协同研发能力，以及社会责任感。

　　叶丹教授的"新工科"系列教材正是在这样的背景下出版的，是对工业设计专业发展深度思考和教学实践经验总结的成果。该系列教材涵盖了"设计思维""设计工程""构造设计""基础设计""视觉设计"等工业设计基础和专业课的核心内容，体现了"工程思维"教学特点：提供了大量"动手做"的课题实践项目，使学生深度参与以解决问题为导向的学习。这种基于项目的学习，具有跨学科的特点，能引导学生通过积极学习、协作探究科学技术，参与工程设计过程，将抽象知识与实际生活联系在一起，进而解决实际问题。在应用所学到的知识应对未来挑战时，学生的发现、创造、设计、建构、合作、解决问题的能力将发挥出积极作用。

叶丹教授的"新工科"系列教材特色鲜明，体系完善，研究成果显著，对于我国工业设计教育的改革发展具有一定的学术价值和现实指导意义。希望该系列教材的出版能够帮助更多高校进一步拓展"学生中心、产出导向、持续改进"的教育理念，不断探究创新创业教育的新型工科教学范式。

江南大学教授、博士生导师　　张福昌
日本千叶大学名誉博士
2022年10月

# 目录

# 第 4 章 机能构造

# 第 5 章 常用机构

# 第 **6** 章　结构

第 **1** 章

# 导论

# 1.1 物的构造

物质都有其构造形式，大到宇宙，小到细胞。千差万别之中，"构造"是什么？

所谓"构造"，是指物体的各组成部分及其相互关系。例如，自然界的生物都有一套各不相同的生物构造来保持其生命状态：一个鸡蛋、一个蜂窝或者一面蜘蛛网，看上去很脆弱，在大自然的风风雨雨中，却能保持其个体的完整性，这就得益于各自合理的生物构造。

生物构造的多样性是自然界"物竞天择"的结果，而当人类造物时，构造是首先要解决的问题，因为没有构造成不了具体的事物。任何一种构造都不是凭空想出来的，而是受功能、材料的限制。荷兰艺术家严森（Theo Jansen）创作了一种人造生物——海滩怪兽，如图1-1所示。其兽背上有"鳍"，身下有脚，体型庞大，重达数吨，它不用"进食"，也无需燃料，动力源于风力。身体上方白色的风桨随风摆动，驱动着许多只脚，像蜈蚣那样前进。人造怪物是如何行走的？其构造是由简单的机构传动组成的复杂系统（图1-2）。

"构造"一词最早用在建筑上。中国先秦典籍《考工记》就有对当时宫室的屋顶、墙、基础和门窗构造的记述，宋代的《木经》和《营造法式》、明代成书的《鲁班经》和清代的清工部的《工程做法》等，都是记载建筑构造的经典文献。在国外，公元前1世纪罗马维特鲁威所著的《建筑十书》、文艺复兴时期的《建筑四论》和《五种柱式规范》等著

**图1-1　海滩怪兽/动能艺术/严森/荷兰**

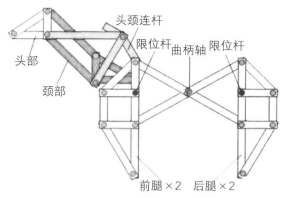

头颈连杆
限位杆 曲柄轴 限位杆
头部
颈部
前腿×2 后腿×2

图1-2 海滩怪兽机械构造示意图

视频1-1
海滩怪兽

视频1-2
海滩怪兽机构运动
轨迹

作也是对当时建筑结构体系和构造的记述。所以在建筑专业，建筑构造学历来是一门重要的基础课程。

　　和建筑相类似，产品也是由材料按照一定的构造方式组合起来，从而发挥出一定功能的人造物。不同的是产品中的材料比建筑物要复杂得多，但其构造原理却是相通的，都要研究如何运用材料的相互联结和作用方式来组成一个物体。作为功能的载体，构造是依据功能目的来选择和确定的。以中国古代锁具为例，锁具有保护财产的实用功能和外防内守的象征功能。实现这些功能的技术方法有很多：可以是利用钥匙与弹簧片的几何关系和弹力来控制金属簧片的张合的"金属簧片构造"；也可以是采用转轮而不需钥匙的"转轮构造"，与簧片构造迥然不同[图1-3（a）]。不同技术方法的实施，就要用相应的构造来保证。这就是说，同一种功能可以由不同的构造和技术方法来实现，在构造与功能之间并不存在单一对应的关系。此外，同一种构造也可能具有多种不同的功能。例如同一种簧片构造，可以做成保护财物的箱体锁，也可以做成为儿童祈福的"长命锁"[图1-3（b）]或者女性所专用的"首饰锁"[图1-3（c）]。因此，功能与构造之间是双向多重对应的关系。

（a）转轮结构锁的构造图

（b）长命锁

（c）首饰锁

图1-3 锁的结构

　　生物进化的规律是，越是高级的生物，骨骼就越复杂。就像各种生物有着不同的骨骼一样，不同的产品也有着不同的构造。照相机和汽车的功能截然不同，其构造也大相径庭。我们研究构造，首先要研究它的机能以及构成形态。一件好的产品应该是而且必须是技术与艺术的综合体，而不是技术加上艺术。产品中既有技术因素，也有艺术因素，并且两者在各方面都有关联，不能把技术因素与艺术因素分开处理。构造既是一种技术，也是一种艺术。如图1-4所示是德国设计师萨帕设计的折叠灯Tizio，构件的简单化因这盏台灯完善的平衡系统而成立，而新的电路引导方式和铰链技术支持了整盏台灯的折叠结构，让使用者能够轻松简易地调节灯具角度。建筑师罗得列克·梅尔说："构造技术是一门科学，实行起来却是一门艺术。"因此，设计师不能完全把它甩给工程师，而应该在设计的全过程中妥善处理两者的关系，主动地与结构工程师的密切配合。

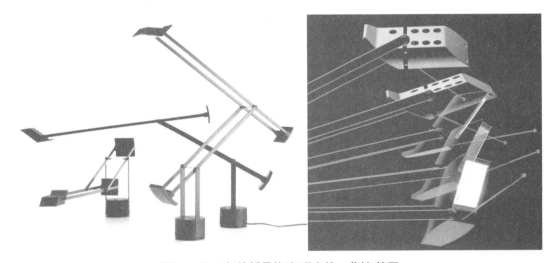

**图1-4　Tizio灯的折叠构造/理查德·萨帕/德国**

　　事实上，构造也具有美感和视觉表现力，就像雕塑作品一样引人注目，甚至比雕塑更加精致耐看。首先，构造美是一种科学的理性美，它包含着构造物的材料及基本的力学原理，而力学原理是一种客观的规律。在这一点上，无论对产品造型做何种处理，其基本的构造原理都必须符合客观规律。只有符合力学原理，设计的产品才是合理的、可实现的。其次，科学需要理性，同样也需要创造，不要认为构造设计仅仅需要理性的计算而忽视创造，许多设计大师往往是在构造上的突破才设计出引人注目的产品形态来。如图1-5所示是一个步行机构，其行走姿态颇为雄健豪迈，堪称优秀的艺术作品。

　　与工程师不同，产品设计师更像是手工艺匠师，在灵巧的手指下塑造出精美的物品。造物过去是一种工艺，现在和将来也仍然是一种工艺。在物品制造过程中表达出来的精湛技艺与情趣就是一种工艺美。现代工业产品的制造和莫里斯时代有了很大的差别，早已进

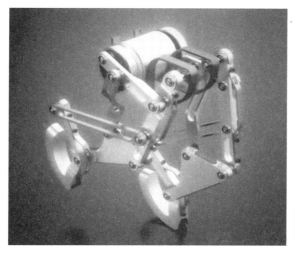

▶ 视频1-3 ◀
步行机构

图1-5　步行机构

入工业化甚至是人工智能化阶段。如图1-6所示是两款竹家具作业，家具上每一条线型、每一个部件处理都流露出设计者手工打造的痕迹。这就是工艺美，是设计者的技艺展示。设计师伊尔·沙里宁曾说，结构上的完整性和明确性是我们时代审美的基本原则。这句话表达了功能主义时代，用技术的方法而不是经验来设计产品时的所有自信和理想。所以，设计师扮演着多重角色：他既要有雕塑家敏锐的艺术感觉，也需要工程师的理性能力。如何处理好构造与造型的关系，是产品设计的一个关键问题，也是本书讨论的主要内容。

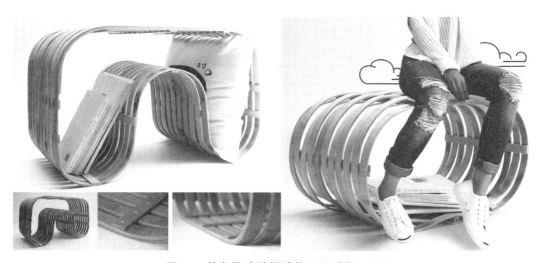

图1-6　竹家具/实验设计作业/应渝杭、闫星

# 1.2 课程理念

在产品设计中，把形态设计与构造设计放在一起考虑不是机械拼凑，而是有机结合。构造的表现就是产品形态的表现，构造美是体现产品美的主要内容之一。如果忽视构造，产品就失去了存在的基础，更无美感可言。所以，把构造与形态设计整合起来考虑，是产品设计的合理方法。

在学习阶段，研究能力比创造力更重要，一旦掌握了规律，就为以后创造力的发挥打下基础，任何创造性活动都是在一定条件约束下进行的。在具体的产品设计中，为数不少的机构设计是以造型设计为先导的，构造服从形态。但在专业教育中，为了能够帮助学生系统掌握专业知识，培养其创造能力，应该把构造学习研究作为基本功来训练。否则学生有可能被各种复杂的构造类型所迷惑，造成概念不清晰，反而会影响创造力的发挥。所以，在学习和研究上要把握以下几点：

① 构造设计要把握好力与形态的关系。形态造型要与构造相联系，构造上涉及的拉力、压力、扭力等力学元素应该反映到形态上。"形是力的图解"这句名言很好地揭示了形与力的关系。这里的力既包括物理上的力，也包括心理上的力。形态和构造就在这两种力的作用下变化发展，构成一个美的造型物。如图1-7所示为交错轴斜齿圆柱齿轮机构。

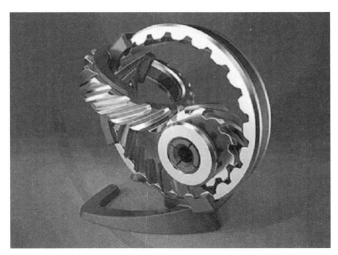

▶ 视频1-4 ◀
交错轴斜齿圆柱齿轮

**图1-7 交错轴斜齿圆柱齿轮机构**

② 构造设计不能忽视形态本身的积极作用。许多造型艺术规律和法则都可以运用到构造设计中，工程上追求简单纯粹的表达，艺术设计通常也是这样。人文科学相对于自然科学更加微妙，复杂问题有时可以用简单的方法归纳处理，而换一种场合，复杂问题就不能

那么简单化地处理；有些艺术处理追求的就是复杂表现，如果简化了就没有味道了，这是艺术与技术相矛盾的地方，也是构造设计中的难点所在，但并不是说造型艺术就不讲规律。例如造型艺术中对称、均衡、韵律、节奏等都是普遍规律，这与工程设计中追求简单明确的解决方法是相通的。图1-8所示是名为盒子的设计练习。

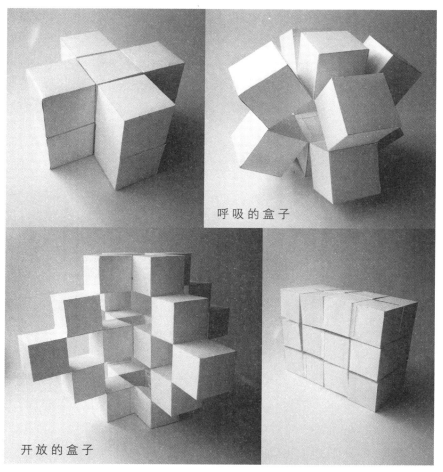

**图1-8　盒子/基础训练作业**

　　③ 对先进理念要认真研究，并注意灵活运用。在设计实务中，受市场、消费观念的影响，开发理念往往滞后于科学与艺术中的许多前卫思想，过分追求标新立异反而得不到消费者的认同。著名设计师罗维（Raymond Loewy）曾提出"MAYA原则"，它由"most advance yet acceptable"四个英语单词的第一个字母组成，意思是"最先进的，然而是可接受的"。每一种产品都有一定的临界域，这与消费者的支付能力无关。临界域规定了消费者对新产品的消费愿望的极限。达到这个临界域，对新产品的消费愿望就会变成对新产品

的绝对排斥。这就是产品设计与纯艺术之间的差别。对于前卫思想，设计可以从中得到启发，把各种理念和力运用到构造与形态设计中来。各种不同的表达都有着自己的艺术规律和发展空间，重要的是要善于理解这些规律，灵活使用。

④ 从自然中吸取设计灵感。无论从何种角度，自然都值得我们研究和学习。在对自然的探索中，我们会从千姿百态的形态构造中得到丰富的感受，然后将这些形式从表象之中抽象出来，找到合理的构成原理。自然界中的构造与造型有着内在的一致性，产品设计也应该追求这种构造与造型的一致性。这种一致性并不是要抹杀创造力，而是要更为有效、艺术地处理产品设计中的形态与功能。构造设计不应被看成只是一种技术，而与产品设计无关。相反，它是产品设计学的一个组成部分。设计师应该学会驾驭构造语言，在理性与感性之间完成设计（图1-9）。

**图1-9　航天器/科拉尼/德国**

设计学科的特点是注重实践，本书写作秉承这样的观念：教学过程是新的知识体系和个体经验的创建过程，知识不能依靠单向传授，而是由学生通过实验实践过程自主建构。设计教学分为基础和专业教学。基础侧重设计基础，专业侧重系统设计。前者重训练，后者重实践；训练有赖于教学，实践要联系社会。作为基础课程教材，本书没有罗列大量陈述性知识，而是在基本原理和设计课题引导下让学生能自主建构，探索造型设计规律，提高创新能力。通过教学理念和教学路径的具体呈现，给教与学双方提供充分探究产品构造的空间。

**? 思考题**

1. "与工程师不同，产品设计师更像手工艺匠师，在灵巧的手指下塑造出精美的物品。"你认同这个观点吗？

2. 为什么说"力学法则是构造美的重要基础"？

3. 从小时候的玩具，到日常生活中的物品，举一个具体例子来说明"构造既是一种技术，也是一种艺术"。

第 **2** 章

# 自然物构造

人类所进行的一切造物活动都源于大自然的启迪，并在改造自然中使之适合人类的生存和发展，从而使人类社会获得进步。今天的世界已经是一个自然、人工环境高度混合的物质世界，这表明人类有能力理解自然结构，并利用这些结构原则构造出丰富的人工世界。人类对于自然界的了解越深入，在利用其构造规律方面的能力就越强。

# 2.1　自然的启示

共存于同一个世界里的动物、植物等有机物和无机物各具特色，在看似混沌中似乎存在某种秩序，吸引着人类去寻找这种种构造的成因：为什么是这样，而不是那样？为什么比我们想象的更为优越？看似相似，其实又各不相同，其原因何在？

我们通常把圆形、方形、三角形作为基本形来解释世界万物。而且很久以来人类把圆形或球体看作是完美的形式，认为是人类心灵的终结和谐的象征。例如天体运动，还有比圆周运动更合适、更为永恒的方式吗？古人早已认定天空中的行星各自必定沿着完美的圆周运动，并最终把球体及有关的圆周运动归结于是神的创造。

即使在今天，圆形或球体还是普遍被人们所喜爱（图2-1）。人们会对五光十色的肥皂泡投以惊喜的目光，对风雨浸刷的鹅卵石、花瓣上晶莹的水珠等更是钟爱有加。为什么这些不以立方体或其他形式存在呢？

通过长期的观察和研究发现，球体结构比立方体或其他形状的结构更稳定，任何物体在表面积相等的条件下，球体的体积最大。西瓜、苹果等都是近似于球体，这种形态可以

图2-1　圆形或者球体代表着完美和谐

以较少的表面储存更多的汁液，并使表面蒸发量为最小。所以，球体得以存在，首先要依赖于内部的力，或称之为内力，同时在自然空间中，物体又要受到外力的作用，当内力与外力达到平衡时便是我们所看到的形态。所以，形态应是内力和外力平衡的结果。正如苏格兰博物学家达西·汤普森所说的，任何领域的物质，无论是有生命的还是无生命的，其形态及其在运动或生长的过程中所出现的变化，就一切情况而论，都可同样地描述成出于力作用之故。简言之，一个客体的形态就是一幅"作用力图"。

自然界的任何物体的构造都是由其内在生命力和生存环境的各种外力塑造而成的，其形态构造是这两种力共同作用的结果。一切生物均有其发生、发展的规律，经过千百万年的运动和进化，形成了我们今天所看到的千姿百态的自然世界。

# 2.2 自然形态的构造

自然界的生物通过千百万年的自然选择，获得了自身延续的合理形态，在显现出和谐的美感的同时，给人类的造物活动带来了极大的启发。对于我们来说，最重要的不是模仿自然生物千姿百态的造型，而是要理解种种形态的构成原因，唯此才能够真正创造出优美的形态和合理的构造。下面就以具有飞行能力的生物为例来阐述自然形态的形成与构造的关系。

研究资料表明，现在地球上2/3的物种具有飞行能力，而这些生物并不是天生就具备飞行能力的。在20亿年的地球生物历史中，无脊椎动物中的昆虫是在3亿年前开始翱翔于蓝天的；脊椎动物中的鸟类是1.5亿年凭借长有羽毛的翅膀飞上了蓝天；而作为哺乳动物的蝙蝠则在5000万年前利用四只手指延长所形成的翅膀也飞上了天。尽管昆虫、鸟和蝙蝠同样是具有主动飞行能力的动物，但是它们的翅膀构造是各不相同的（图2-2）。

下面解析这三类飞行生物中的某些构造，希望能引起大家的思考：向大自然学什么？

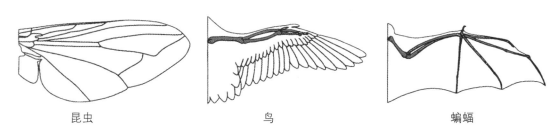

昆虫　　　　　　　　　　鸟　　　　　　　　　　蝙蝠

**图2-2　翅膀的构造**

事实上，100多年来人类为了飞上蓝天，从来没有停止过对这些"飞行大师"的模仿和研究。

### 2.2.1 昆虫的翅膀构造

昆虫几乎占据了所有的陆上生态环境，海洋是昆虫唯一分布数量较少的地方。其数量超过所有其他动植物的总和，大约是其他动物的1~4倍。飞行能力的获得是昆虫纲繁盛的重要因素之一。昆虫在种类、数量及栖息的生态环境上获得如此大的优势的原因是什么？是翅膀！是翅膀帮助昆虫寻找新的食物资源和配偶。有了食物资源使昆虫具有了个体生命进行延续的可能，寻找到配偶使昆虫可以繁殖后代、延续种族。在某种程度上，正是翅膀使昆虫能把寻找食物和繁殖后代这两大生命基本要素发挥到极致。

昆虫的翅膀可以算得上一个优秀翅膀的典范。其大部分是由极薄的、具有弹性的表皮细胞构成的"膜"，这个膜由总体呈纵向排列的脉管支撑。这在结构上类似于帆布，而脉管相当于支撑帆布的木质框架。典型的昆虫翅膀形状近似于三角形，具有3个边缘和3个角。其中3个边缘是前缘、内缘和外缘，3个角是肩角、顶角和臀角。

有些昆虫为了适应翅的折叠与飞行功能，翅上演化出3条褶线——基褶、臀褶和轭褶（图2-3），同时这3条褶线又把翅膀分成4个区——腋区、臀前区、臀区和轭区。对绝大多数昆虫而言，一套直接与翅膀发生联系的肌肉是直接翅肌和间接飞行肌，二者发挥的作用是不同的。蜻蜓的直接翅肌可以使翅膀或前肢产生腹部向上运动。绝大多数昆虫的直接翅肌不是为昆虫提供动力，而是调整翅膀的形状、曲面拱高和冲角的。实际上昆虫真正的飞行动力来自一对间接飞行肌：背纵肌和背腹肌。它们是与昆虫飞行有关的两组重要肌肉，为昆虫的飞行提供了几乎全部的动力来源，控制着翅膀上下拍动。它们的收缩和舒张会引起一个相对运动，从而帮助翅膀完成上扬和下拍动作（图2-4）。

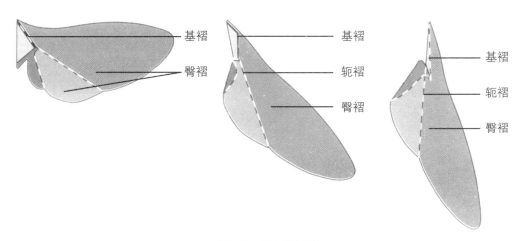

图2-3 昆虫的翅膀

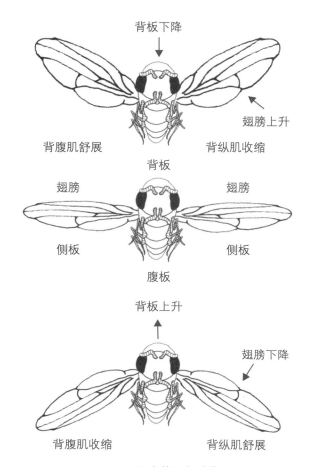

图2-4 昆虫的飞行动作

图2-5 昆虫的"伪眼"

除了飞行，昆虫的翅膀还有其他许多功能。蝴蝶的翅膀就像是一部漂亮的跑车，不仅是交通工具，还可以吸引配偶。一些蝉和蚱蜢的翅膀也是乐器，可以在浪漫的夏夜里鼓动翅膀，给配偶哼唱小夜曲。有的昆虫翅膀上伪眼的欺骗功能足以吓退它们的捕食者，因为该伪眼与捕食者天敌的眼睛十分相像（图2-5）。有的昆虫翅膀也可以制造出声音武器，其声音之大，与体形及其不相称，足以吓退敌人。有的昆虫翅膀上有特殊的羽毛状鳞片，具有强大的消声功能，即使是蝙蝠的强大声呐也难以奏效。

## 2.2.2 鸟类的身体构造

大自然在给予鸟类飞行能力这个恩惠的同时，也给予了鸟类更加严格的生存戒律，鸟类身体结构构造以及各系统、器官、组织、细胞等，都必须服从飞行这个目的。飞行这种运动方式要求鸟类的身体构造比哺乳动物更具有同一性，这是大自然假借空气动力学原理对飞行生物严格要求的结果。鸟类之所以变成飞行器，主要得益于大自然对下列器官进化的赐予：羽毛、翅膀、中空的骨骼、内温性、独特的呼吸系统、大而有力的心脏和强大有力的胸肌等。这些适应性变化的基本目的只有两个：高动力和低重量（图2-6）。

鸟类的骨骼重量只占它们体重很小的比例，有的鸟类的羽毛重量甚至超过了它们的骨骼重量。事实上，鸟类同样既需要巨大而又强壮的胸骨供胸肌附着，也需要较大的骨盆来支持两条运动的后腿，飞行对强大骨骼的需求与翅膀对羽毛的需求一样重要。那么鸟类是如何减轻骨骼重量的？虽然鸟类的骨骼相当轻盈，但是它的强度和韧性足以应付空中飞行所需的巨大和突然的压力。鸟类骨骼的这种强度高、材质轻的特点，主要得益于它们的中空而壁薄的骨骼系统。

英国博物学家汤普森对鸟类翼骨做了这样的描述，鸟类长长的翼骨中，骨腔是空心的，只有一层薄薄的生命组织内衬于骨壁之上，在这些生命组织中间，还分布着细小的交错的骨小梁，形成精致的格构，即所谓的网状骨质组织。如图2-7所示是秃鹫翅膀上的掌骨，其

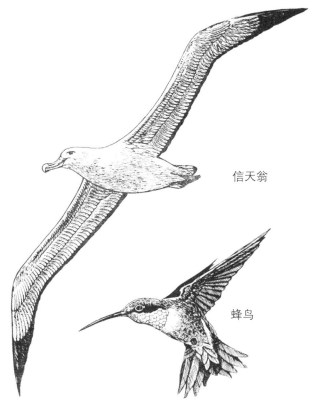

信天翁

蜂鸟

**图2-6　信天翁和蜂鸟**

蜂鸟的胸部飞行肌占体重的1/3，而信天翁这类主要凭借上升气流滑翔的鸟类则有另外的适应途径

**图2-7　秃鹫翅膀上的掌骨**

构造完全可以和建筑上的桁架相媲美，与飞机上主翼肋的构造相仿。鸟类的掌骨虽然纤小，但在翅膀端部形成了一个硬轴。尽管简单的管状结构形成了长而纤细的肱骨，但在强度上就有点不足了。从解剖学上看，没有什么东西可以和秃鹫的掌骨相媲美。工程师在其中看到了完美的沃伦桁架，就是飞机上常用作主翼肋的部分。不仅如此，秃鹫的掌骨还胜过桁架，因为人类只能把支杆全部架设在一个面上，而秃鹫的这种掌骨形成了三维构型，具有无与伦比的明显优势（图2-8、图2-9）。

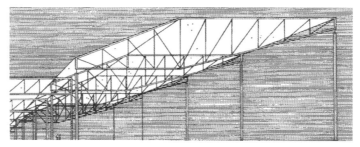

图2-8　建筑中的桁架结构

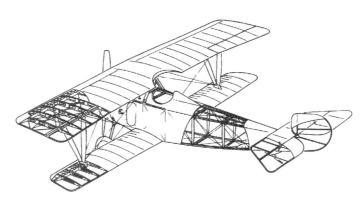

图2-9　机身和机翼的网状结构

羽毛应该是鸟类适应飞行生活的最具独特性的构造了。它为鸟类提供了流线型的外表，在体温调节、减少重量等方面都具有重要的作用，特别是鸟类的升力和推力的输出都来源于主要由羽毛构成的翅膀。如果仅就羽毛的重量而言，它可能比人类设计的任何飞行机翼都要完美和结实。作为翅膀的主要组成部分，许多鸟类的初级飞羽和次级飞羽不仅与其他翼部羽毛共同构成鸟类飞行的推进器，而且每一枚单独的羽毛本身同样具有空气动力学的外形，甚至可以提供摆脱重力束缚的升力和前进的动力。在降落和起飞时，鸟的初级羽末端可以相互分离，形成翼缝，避免失速的发生。人类在花费相当长的时间、大量的财力，甚至许多生命后才知道飞机起飞和降落时翼缝的重要性，而在这一点上，即使是最不起眼的麻雀、家燕，也做得无可挑剔。

### 2.2.3 蝙蝠倒吊的生理构造

相对于昆虫和鸟类，蝙蝠是飞行生物中的后来者。蝙蝠进化的结果是，它们在结构和生理上仅适应于夜间活动，已经把自己排除在对日间生态资源的利用之外。这其中的一个主要原因可能就是在蝙蝠之前已经演化出飞行能力的脊椎动物——鸟类是基于视觉的，并且这种日间飞行能力的演化已经使鸟类成功占有了所有日间飞行脊椎动物的空间生态位资源。一个原始蝙蝠在具有强大飞行能力的鸟类面前是无法存活的，蝙蝠只有在夜晚活动才能躲开这些捕食者。所以，蝙蝠进化出非常发达的回声定位系统。为了躲避天敌，蝙蝠还有一种独特的倒吊的生活方式。

蝙蝠通常的休息姿势是头向下，将后趾爪倒吊在岩壁、树枝或其他突出物上；在身体变换姿势时，通常利用前肢的趾爪帮助后肢共同完成这个动作。蝙蝠白天利用这种姿势睡觉，温带地区的蝙蝠也可以通过这种姿势进行冬眠。此时，翅膀紧紧地收紧在体侧，可以把身体完全包裹起来。即使是母蝙蝠的产仔也是利用这种倒立姿势，而刚出生的幼仔也天生具有攀爬的本领，刚出生就可以用四肢牢牢地抓靠在母亲的身体上。

为了适应倒吊于高处的生活方式，蝙蝠的后爪还演化出一种特殊的自锁装置。这样它们在休息时不用收缩任何肌肉，后爪就会牢牢地抓握在树枝或岩壁上。该装置的一个重要结构是后肢趾爪具有一个侧扁的腹方突起。蝙蝠的长跖肌韧带的远端就连接在该趾爪的腹方突起上。这样，以趾爪的关节为基点，到该腹方突起就有一个较大的力矩，如图2-10所示。

如果该长跖肌韧带向下牵拉，就会使趾爪以它的关节面为基点向下勾曲。这可能是所有具有活动趾爪的动物都具有的一种能力。但是蝙蝠与趾爪相连的趾节的腹面具有一个特殊的棘轮似的管形构造。它由19～50个连在一起的环共同构成，长跖肌韧带就在这一系列的环中穿行。当长跖肌收缩时，就迫使韧带上非常粗糙的表面压贴到该管形构造内部的环状脊上。其后，即使长跖肌舒张，仅靠蝙蝠的自身重量就可以把长跖肌韧带牢牢地锁扣在棘轮上，从而使趾爪呈勾曲状态。同时在该棘轮的背方和腹方也存在着一种辅助装置，帮助收紧棘

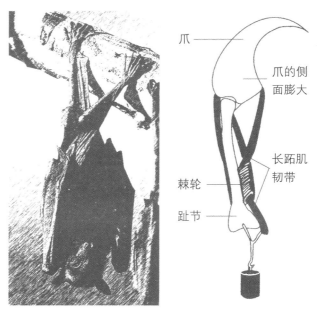

爪

爪的侧面膨大

长跖肌韧带

棘轮

趾节

**图2-10　蝙蝠倒吊的"自锁"构造**

轮的内径，提高它的功用。这种锁扣装置如此有效，以至于蝙蝠在死亡后还可以吊挂在树枝或岩壁上（图2-11）。

图2-11　达·芬奇模仿蝙蝠设计的一种飞行器

# 2.3 师法自然

　　远在没有文字记载的历史时期，人类就为生存而模仿生物的行为，用类似于动物"爪"那样的粗糙石头作为武器，猎取食物，以求生存。古人通过观察鱼和其他水生生物在水中自由地游泳，就用树木仿照鱼的体形做成能载人的船，又用两叶桨放在船的两侧以模仿鱼的胸鳍，用橹放在船尾代替鱼尾的摆动。在古代科学技术中较重要的模仿是轮子的发明。自然界那些圆形的果实和石子，当水冲或风刮得转了起来的时候，就被人类无意中采用了，后经过长时间的模仿逐渐有了轮子。到了公元前3000年，轮子在制陶业和运输业中得到广泛应用，它可以算作现代机械的"祖师爷"。古代是如此，今天的设计也是如此。人类不可能完全脱离大自然来获取需要的信息，大自然就是最好的导师。

　　人类社会的发展可以说是不断向自然模仿、学习的过程。20世纪60年代诞生了一门独立的学科——仿生学，专门研究生物系统的结构特征和能量转换，用来改善和创新人工制品的技术功能和构造原理，目前已取得了许多令世人瞩目的成果。回顾人类造物史，有许多著名设计直接应用了仿生学原理。一个生动例子就是瑞士工程师梅斯特劳在20世纪40年代从粘在自己裤子和爱犬耳朵上的牛蒡草获取灵感，发明了尼龙搭扣（图2-12），今天这个看似简单的产品已广泛运用在人们的日常生活中的许多方面。

另一个例子：在研究开发超音速飞机时，设计师们遇到一个难题，即所谓的"颤振折翼问题"。由于飞机航速快，机翼会发生有害的颤振，飞行越快，机翼的颤振越剧烈，甚至使机翼折断，导致机坠人亡。这个问题曾经使设计师绞尽脑汁，最后在机翼前缘安放一个加重装置才有效解决。使人大吃一惊的是，小小的蜻蜓在3亿年前就解决了这个问题。仿生学研究表明，蜻蜓翅膀末端前缘都有一个发暗的色素斑——翅痣。翅痣区的翅膀比较厚，蜻蜓快速飞行时显得那么平稳，就是靠翅痣来消除翅膀颤振的（图2-13）。

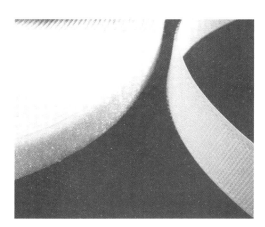

图2-12　尼龙搭扣

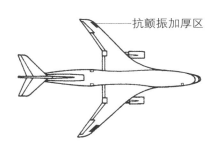
抗颤振加厚区

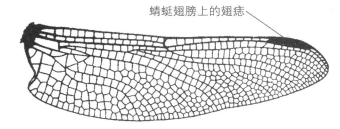
蜻蜓翅膀上的翅痣

图2-13　蜻蜓翅痣与飞机抗颤振加厚区

科普作家杰宁·贝纳斯（Janine M·Benyus）在她1997年的著作《仿生学》中写道，和工业革命不同，仿生学革命带来的不是一个我们从自然界中获取什么的时代，而是我们从自然中学习什么的时代。

2005年推出的"奔驰仿生概念车"的开发理念、过程就是将仿生学原理具体运用在汽车设计的成功案例。

项目开始之初，设计师们就决定在大自然中寻找一种合适的生物作为模拟对象。他们将理想生物的特点描绘为：不但在细节上要符合空气动力学，而且安全、舒适，与环境相协调，在外形和构造上也要融合。最终这个生物模拟对象被选定为一种在热带生活的硬鳞鱼。

硬鳞鱼生活在珊瑚礁、礁湖和海藻群中，在那种环境中生存，它们必须以最少的能量损耗去游动，保持自己的体力，这就需要具备强壮的肌肉和流线型的身体结构；它们必须抵抗高压并在碰撞中保护自己，这需要坚硬的外表；它们还必须在有限的空间范围内寻找食物，这需要有良好的机动性。

　　除了上述优点外，硬鳞鱼更令人满意的地方是：虽然身体长得矮矮胖胖，但其形态构造很符合空气动力学原理，其立方体形的身材没有任何阻碍。它的外表有大量骨质的六角形鳞片，这些鳞片连接成一套坚硬的盔甲。这套骨质的盔甲构造令其身体非常结实，能保护其不受伤害，而这也是它具有出色的灵活性的原因。其身体的上部和下部边缘处形成许多小漩涡，在任何位置都能保持稳定，并在风浪的任何部位能保证安全。在这个过程中不需要移动鳍，就能有效保存体力。这些生物优势都能应用在具体的汽车设计中。设计师们在位于斯图加特的塑模中心照着硬鳞鱼的样子做了一个模型，结果它的风洞测试系数仅为0.06。

　　为了能够充分挖掘出仿生学在汽车开发中的潜能，设计师首先制作了一个 1 ：4 的生物模型。在风洞测试中，该生物模型打破了汽车动力学的一般规则，风阻系数达到惊人的0.095，接近了专家所设定的地面空气动力学的理想值。在研究了硬鳞鱼的特征及取得了一些关键数据后，设计师就顺利地设计出一辆基于硬鳞鱼的全尺寸、适合道路行驶的汽车。完成后的这辆概念车外形看起来确实有点特别，而且很有可能给未来的汽车设计带来全新的设计理念。经过风洞测试，它的风阻系数仅为0.19。这个数字在同级车型中是绝无仅有的（图2-14）。

**图2-14　硬鳞鱼与仿生概念车**

## 模拟生物结构作设计构思

　　任选一个感兴趣的动物作为研究素材，在图书馆、互联网上获得尽可能多的资料，用图解方式手绘出该物的构造原理，分析其构造特点。

　　以上述研究为基础，用瓦楞纸等材料"模拟"其生物构造。设计制作版面，内容包括：手绘资料、模型照片，及简要说明文字。见图2-15～图2-18。

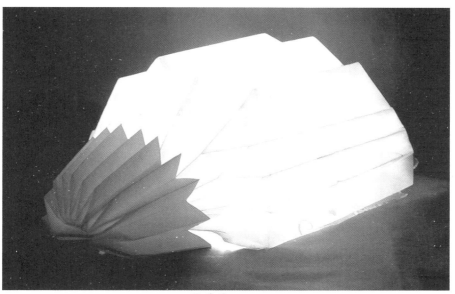

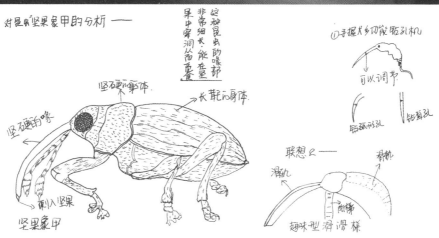

图2-15　橡皮虫/课程设计/陈漾

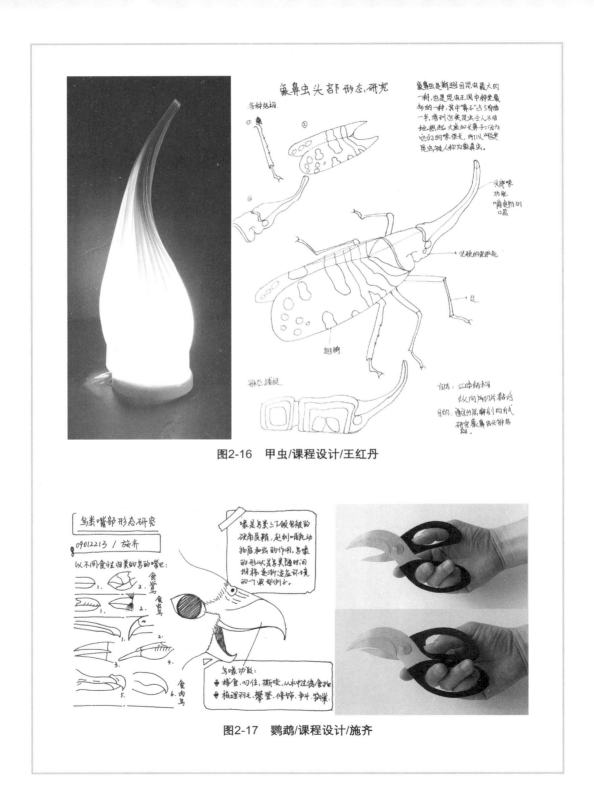

图2-16　甲虫/课程设计/王红丹

图2-17　鹦鹉/课程设计/施齐

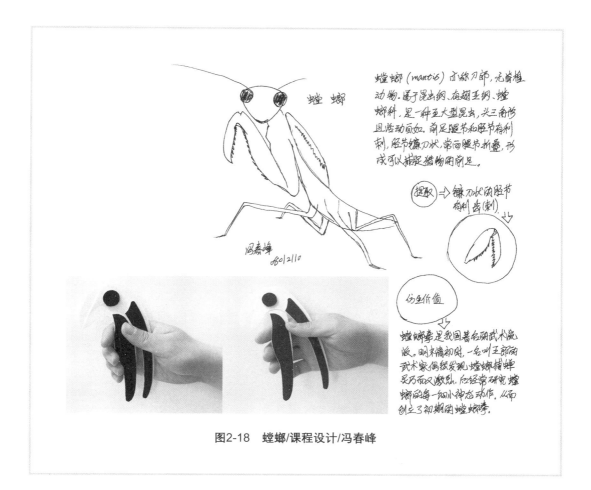

螳螂 (mantis) 亦称刀郎, 无脊椎动物. 属于昆虫纲、有翅亚纲、螳螂科, 是一种至大型昆虫, 头三角形且活动自如. 前足腿节和胫节有利刺, 胫节镰刀状, 常向腿节折叠, 形成可以捕捉猎物的利足。

捉取 ⇒ 镰刀状的胫节有利齿(刺)

仿生价值

螳螂拳是我国著名的武术流派. 明末清初时, 一名叫王郎的武术家偶然发现螳螂捕蝉灵巧而又激烈, 后经常研究螳螂的每一细小神态动作, 从而创立了初期的螳螂拳.

冯春峰
0801/21/10

图2-18　螳螂/课程设计/冯春峰

第 **3** 章

# 人造物构造
# 的影响因素

人类是何时开始造物活动的，世界各地的历史、文化对造物活动产生了哪些影响，始终是吸引人们思考的巨大谜团。人造物的创造从古时的打制石器到现代的数控成型，其目的是创造出对人类自身有用、有益的物品与生存环境，以有利于自身的生存和种族的繁衍。那么，究竟有哪些因素造成了世界各地在器物构造上的各种差异？古今中外的建筑也许是很有说服力的例子。梁思成在《中国建筑史》一书中谈到，建筑的显著特征之所以形成，有两个因素：有属于事物结构技术上之取法及发展者，有缘于环境思想之趋向者。以中国古代建筑的斗拱构造为例，其成因：一是木材资源丰富；二是木材较之于石材易于运输和加工；三是木材有利于向模件体系发展（图3-1）。可见结构对于建筑特征的形成是一个重要的基础元素。但在构造的方法上，各阶层的人们会更多地注意到政治、文化上的种种需求。

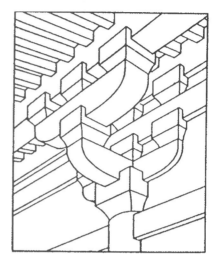

图3-1　古代建筑中的斗拱

# 3.1 人文因素

在人类的社会生活中，各种现象无不与文化相关联。从衣食住行到人际交往，从风土民俗到社会体制，从科学技术到文学艺术，一切由人所创造的事物，都是一种文化现象。由于文化现象包罗范围的广泛性和构成成分的复杂性，加之对它的研究视角、观点和方法的不同，使得对文化概念的界定极不相同，导致了对"文化"两字的解释众说纷纭。在众多的论述中，美国学者克鲁克洪（C.K.M.Klockholn）的论点对我们也许有启发意义："文化是历史上所创造的生存式样的系统，既包含显性式样，又包含隐性式样；它具有为整个群体共享的倾向，或者在一定时期中为群体的特定部分所共享。"

我们用筷子和刀叉形象地比喻中西方两种不同的文化形态。人类文化学的研究者甚至把这两种截然不同的餐具构造与人的用餐方式——合餐制与分餐制对应起来，这些形象的比喻恰好印证了人类的造物活动离不开生活方式和文化观念上的需求。很多人认为，中国历来采用筷子用餐、围桌而食的合餐制，而西方则采用分餐制。近来，有学者的研究成果颠覆了这一论点，认为中国自古本是分餐制，到了北宋以后才进化到如今的合餐制，我们的祖先也曾与现代西方人一样，是用刀叉而非筷子！对中西方饮食文化的探讨显然不在本书的研究范围之内，在这里不作展开。但我们可以从下文了解到社会文化、生活方式的进化与器具构造有着怎样的密切关系。

从古代的画像砖（图3-2）中我们可以看到，聚餐时，人们分别就座于各自案几的后面，彼此间隔着相当的距离，各有一套相同的饭菜，各吃各的。著名的"鸿门宴"就是这种典型的分餐制。

**图3-2　东汉宴乐画像砖/四川成都出土**

而合餐始诸唐代，完成于宋代。这个转变是社会发展进步的结果——分配方式的演进。这是由分餐向合餐过渡的一个最基本条件。当食物相对匮乏时，"按人均分"是比较合适的分配原则。要获得平均，就需要在就餐之前将食物分为相等的若干份，这便形成了原始的分餐制。而毕竟人的情趣、口味、习惯不同，所需不同，待食物相对丰足后，人们便有条件按照自己的不同喜好进行选择，即"各取所需"。这是最适于合餐的分配方式。

我们的祖先也曾与现代西方人一样，是用刀叉而非筷子就餐。使用刀叉要同时使用左右手，因此人与人之间要保持相当的距离。同时，刀叉只适于近距离的传输，大概也就限于从胸前的盘子到嘴之间。如果按合餐制的要求，至少要达到从嘴到桌子的中心的距离，也就是说至少要比桌子的半径更长。显然，刀叉承担不了这个距离的传输功能。而筷子出现后，合餐就方便多了。从这个角度，我们可以这样理解，西方人至今仍然是用刀叉进食，与他们保持分餐制是互为因果的。

而与人的生活方式紧密相连的建筑和家具的构造，也随着用餐方式的变化在不断演进着。最初，厨房和餐厅是一体的，人们习惯于在房屋之内置备一火塘，将炊具架于火上，待食物煮好，就由固定的人来分配，大家围火而食。这里既是炊事中心，又是进食场所。到春秋战国时期，厨房和餐厅的分工已普及。这个分工推动了餐食制作的精细化，减少了就餐者以前必须完成的很多进食工序。例如食客对大块熟肉的切割、去骨等粗笨费力的工作，现在可以在厨房里完成，餐厅摆放的是精细处理后的餐食。可以试想一下，无此分工之前，若采用合餐，对于一般的家庭，四五个人（事实上，古时的家庭不分家，通常是多于四五人的）在同一个食器里切割同一盘食物，似乎是自寻烦恼，而有了这一分工，人们只需从同一食器里取得自己想要的食物就可以了。

构造设计作为人类实践活动中的手段，以"文化"的方式传承下来，并构成了"文化"的一个组成部分。在人类造物历程中，还有一种现象：同样一种构造在不同的文化背景、历史发展时期以不同的形式出现。例如有一种X形、具有折叠功能的木结构，在日本冲绳被用作"枕头"（图3-3），是一种将要失传的民间用具，有相当长的历史；而在不同文化背景下的印度，则被用作阅读经书时所使用的书架（图3-4）；在以"榫卯构造"闻名于世的中国，这种结构被用作一种典型的民间折叠木椅（图3-5）。不管以什么样的"生活用品"模样出现，这种构造的特征是：不用一颗钉子、不用黏结剂等，完全利用木材的特性和构造本身的优势构筑一个稳定的结构。该结构在20世纪末被欧洲设计师借鉴，设计了名为"禅座"的作品（图3-6），并获得1991年挪威优秀设计奖。该作品的设计理念是："为冥想者而设计。灵感来自深远、空无、极简、普度众生的禅宗思想。"这是一个地道的东方文化概念。

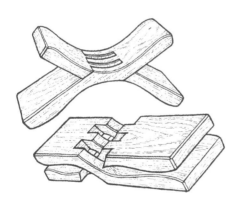

图3-3　日本冲绳的枕头

图3-4　印度经书书架

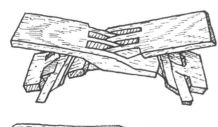

图3-5　中国民间的折叠木椅

图3-6　禅座

　　如图3-7所示的是17世纪欧洲某些地区流行文化下产生的构造奇特的陶器：一种名为"迷罐"的酒馆下注器具。罐子把手通常在靠近底部附近弯出，然后往"腹部"上升一些距离后以一般形式向外弯，连接顶部边缘。把手和边缘都是中空的，有开口通向底部的罐子内部，沿着顶部边缘再粘上一些小小的饮用嘴罐，按设计者的意图可以有不同配置。只有利用手指将嘴管小心盖住，留下一个管口，同时用嘴巴吸，这样才能喝到罐内的酒。不过，把手下有个小洞，如果不小心紧紧盖住，通常酒会由小孔流出来，导致饮者狼狈不堪，还输了赌注。在我国北宋时期也有一种酒、水具，名称"倒流壶"，其内部构造与"迷罐"有异曲同工之妙（图3-8）。壶内的注入管是一根空心管，与壶底垂直，一端与壶底孔相连，另一端与壶腔相通；流出管也是空心管，一端直通壶嘴，一端通向壶底。当向倒流壶注入液体时，壶底朝上，液体通过壶底孔经注入管流入壶腔内。当壶嘴口中有液体流出时，表明壶内液体的液面已经达到流出管上端，壶内已满。在此过程中，壶腔内的空气随液体的注入由流出管逐步排出，而当壶身放正时，壶内液体与流出管相通，管内液体与壶腔液面持平，注入管的上端则高出液面，注入管将壶腔外的空气与壶腔内的空气连通。

图3-7　欧洲的"迷罐"（酒馆下注器具）

注入管

流出管

图3-8　中国的倒流壶

　　古人发明生活器具的时候，主要是从人自身的角度出发，认真地去构想与结构相关的问题。人类在一次次的教训中变得聪明起来。我们可以从古代的壶罐造型中观察到古人有许多巧妙的设计解决方法，多种多样、不同构造和尺寸的壶罐有不同的用途，尤其是把手把和罐身的关系处理得如此匠心周到，显示出人类从来就是以自己的尺度来构造生活器具的。

　　下面三个典型罐体：如图3-9所示是古代盛水用的青铜罐，该罐有两个独特的把手，一个垂直置于出水口边上的颈部，另一个则水平置于罐下部的位置。上面的把手便于提起水罐，而下面的把手便于控制流量。如图3-10所示是三个手柄的黏土罐，左右对称的两个手柄置于罐身中间位置，第三个则垂直安置于颈部。当罐中充满水时，左右两个手柄有提起之用，而颈部的把手用于空罐时提拿，在肩扛时还便于抓握以保持稳定。如图3-11所示的小口尖底瓶，其具有尖底、长腹、双耳、小口的器形，作为黄河文明之仰韶文化典型的陶器，是7000年前仰韶先民的酿酒用具。小口设计便于封口，减少酒精的挥发，尖底则利于残渣的沉淀。并且尖尖的底也使它更容易插进松软的土中。

图3-9　双重手把的青铜罐　　　　图3-10　三个手柄的黏土罐　　　　图3-11　小口尖底瓶

　　在人类进入工业化社会以前相当长的历史长河中，生活器具都是以手工方式制作的，从生活方式上看，制作者和使用者处在同一种文化圈内。在这种状态下，人和生活器具的关系是协调发展的。但自从进入工业社会后，人与机器的关系就一直是个问题。机器刚出现时，人们发出阵阵惊叹，成倍提高的生产效率使产品的数量丰富起来。随后又有人指责机器是个可怕的怪兽，人已经成了机器的奴隶。卓别林的《摩登时代》生动地演绎这一切：机器似乎成了主人，而人是机器的奴仆，要顺从它，适应它。于是在20世纪50年代产生了一门新兴学科——人机工程学。从此，人类用科学的方法来设计人造物，用系统的方法解决人与环境、人造物的关系（图3-12）。

　　工业化的一个重要特征就是"标准化"，在设计制造产品时对"人机"的研究在很大程度上是以"标准人"为对象的。我们身边的生活用品大都是针对20～50岁之间的一般人

图3-12　成长椅

群而生产的，因为这批人群占到在整个消费者的大多数，除此以外的人群如老人、儿童、孕妇、残障人常常会受到忽视。在生活中这些特殊人群与普通人群有很大差异，许多产品对他们来说根本就不适用，普通人可以正常使用的东西，对不具备这种能力的人来说，却成为一种障碍。因此，关心、研究包括弱势群体在内的所有人群就成了当今后工业化时代的重要课题。下面是两个设计案例。

　　如图3-13所示的一组餐具是为住院的病人开发的。由于住院病人体力虚弱，使用一般的餐具往往力不从心。例如普通汤勺较重且不易控制。病人往往会产生这样的心理防御机制：知道自己有病，使用正常勺子有困难，否认自己和正常人不一样，不承认自己不具备正常使用餐具的基本能力。如果给他们用特制的勺子，会被认为是歧视。产生的消极结果是：病人不愿意与人进餐甚至失去康复的信心。解决的方法是：使餐具的造型设计更艺术化，吸引健康人使用，而在功能上更适合病人。如该产品中的勺子把握部位被制成下凹半圆环状，使一毫米薄钢板冲压而成的勺子既减轻了重量又增加了强度。更重要的是，半圆环在具备美感的同时解决了病人不易控制勺子的问题且任何人都可以正常使用。使用这种餐具的病人不再把用餐当成一个困难的行动。该产品把对特殊群体的关怀隐藏在普通而美妙的形态下，从而成为积极完美的解决方案。

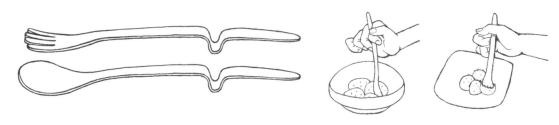

图3-13　残障人使用的餐具

## 购物袋

　　购物袋的出现很大原因是大众环保意识的提高，人们用它来替代超市免费发放的塑料袋，这在一定程度上遏制了白色污染。使用便捷的一次性塑料袋在给人们带来方便的同时给环境带来了压力，而如何让可以反复使用的购物袋便携就成了需要解决的问题。能否通过设计来解决这个问题呢？

　　仔细分析购物前前后后的过程，及日常生活具体细节，设计一款方便使用的购物袋。并选择合适的材料制作实体模型。设计制作版面，内容包括：手绘资料、模型照片，及简要说明文字。见图3-14～图3-16。

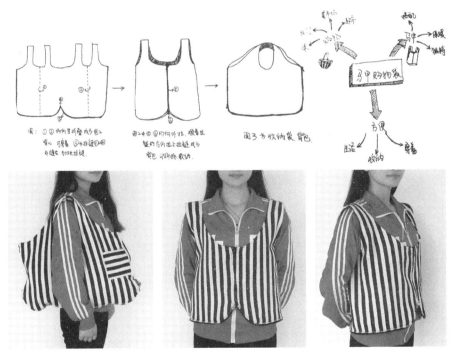

**图3-14　两用袋/课程设计/靳华玲**

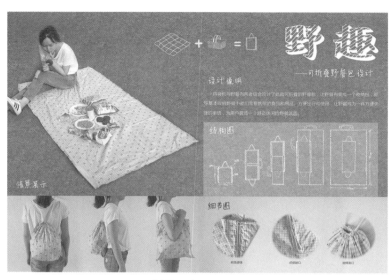

图3-15　可折叠野餐包/课程设计/李敏菡

图3-16　变形袋/课程设计/丁晓清、高倩

# 3.2 功能因素

影响世界一个多世纪的现代主义设计思潮的著名口号就是"功能决定形式"（Form follows function），该口号在美国建筑师路易斯·萨里文的大力鼓吹下，成为20世纪建筑师、工业设计师的金科玉律，尤其是在有着相同设计教育理念的包豪斯的推动下，整整影响了几代人。其实我国古代《十三经注疏》上早有"随器而制形"的类似说法。

"功能决定形式"的提出在当时具有强烈的社会民主主义思想，是一定社会历史发展阶段的产物，这在王受之的《世界现代设计史》一书中有精彩的阐述。随着时代的发展，这一观点受到了挑战，20世纪末兴起的"后现代""解构主义"等思潮即是其中的代表。

图3-17　随身听

胡宏述提出了"形随行"（Form follows action）的观点，就是从行动中去了解功能，这个"行"可代表很多方面的内容。如图3-17所示的随身听即为"形随行"的案例。胡宏述具体解释道，了解"机能"并非易事，"机能"是否恒常是一个问题，实际上机能是会改变的，尤其在建筑的室内空间安排上。也许在住进一座不是为你设计的房子的初期，你会觉得有些安排并不舒适，因为各个房间的配置是依原居住者的生活习惯而安排的。在住过一段时间之后，你的生活习惯会随房间内的布局而改变，对于它原来的机能，你也能适应。

所以说仅用"功能决定形式"衡量人造物标准是远远不够的，在同一功能要求下，是可以产生众多设计方案的。美国著名工业设计师罗蒙德·罗维的一个设计专利权诉讼案例可以充分说明这一点。有一位制造商抄袭了罗维设计的一件产品外形专利，该产品的专利权人——也就是罗维的客户提出了法律诉讼。根据罗维当时的说法，这是一件"十分清楚的案子"。但被告声称，罗维的这个设计专利无效，因为该产品除此之外不可能是其他形状，因为功能决定了外形"只能是这个样子"。当罗维被传讯为原告作证时，该案已经拖了好几个星期。在交换质询证人时，律师问罗维，该产品是否能"设计成其他样子，同样保持良好的功能"，罗维回答"肯定可以"。之后法官当即要求罗维现场作"替代性设计"，以证明这种说法的真实性。后来罗维在自己的书中描述了当时的情景："我打开画架，将画板置于上方，开始画该产品的草图。草图画得很大，而且笔触很深，即使坐在后排的人也能看得见。10分钟后，我画了大约25个不同形状的草图，大部分都很吸引人，而且都能体现出产品的功能。"

在短短的10分钟内可以画出同一功能下的25个方案，罗维不愧为设计大师！而同一种功能有多种构造方式，这在世界设计史中可以找到许多例子。譬如"椅子"设计，有史以来已产生成千上万的椅子造型。随着科技、材料和加工技术的不断创新，还将源源不断地设计出更多新品，每年在欧洲举办的家具博览会上都会推出一批最新设计的椅子就是例证。

日本当代舞台设计家妹尾河童趁着旅行之际，随身带着速写本，把看到的、收集到的有趣物品记录下来，并配上文字，出版了好几本"另类游记"。感性的文字、精美的插图，对从事设计行业的人来说，是一本不可多得的资料。其中一本《河童旅行素描本》记录了几款捕鼠器，对说明上述论点提供了直观的事例（图3-18～图3-20）。

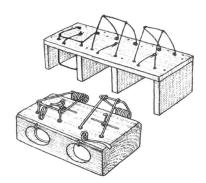 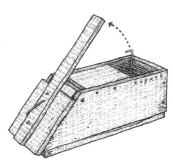 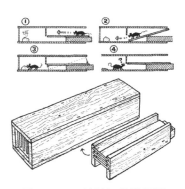

图3-18　丹麦的捕鼠器　　　图3-19　土耳其和葡萄牙的捕鼠器　　　图3-20　巴基斯坦的捕鼠器

**课题
研究**

### 文具

作为学生，文具是我们每天都要使用的工具。文具帮助我们完成各种各样的任务，而不同专业的学生会使用不同的文具。所以，文具最能体现"功能"的作用，一把漂亮的剪刀，不能完成所要求的任务，我们就不会去使用它。本课题要求从使用的角度为自己设计一件能解决具体问题的文具，并用适当的材料制作"原型"，展示使用场景。见图3-21～图3-23。

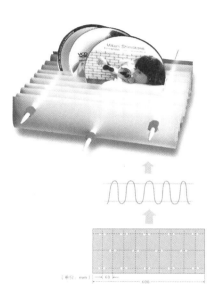

本设计为造型生动别致，结构新颖的串珠文件架，其材料主要由PVC片构成，采用一整片PVC片折曲并由3根长螺杆连接固定构成，中间可安插各个光碟及CD盒。凹槽可搁置调整松紧度（如左图所示）。本设计散是一件经济实用，美观的桌上文具，又是一件情侣间表的情感礼品，由于产品本身为片材，包装则只需叠装，既节约空间，又节约包材料，最终降低了产品成本，用户各需搭配产品的图例做些墙体合成DIY的乐趣。

图3-21 文具/课程设计/金赟

图3-22 文具/课程设计/邓森

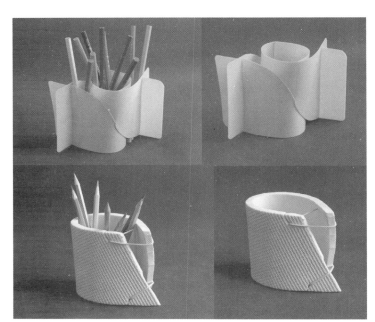

▶ 彩图3-23 ◀

图3-23　文具/课程设计/潘丽丹、李萍

# 3.3 材料因素

老子说，"朴散则为器"，意思是说整块的材料经过分割，然后才能加工成各种器具。譬如紫砂壶是由江苏宜兴丁蜀镇特产的一种泥料塑造而成的。一把紫砂壶也可以说是设计活动完结之后留下来的东西。成了型的紫砂壶已经不是原来的那一坨泥巴了，隐去了泥料本来的形态而转化为新的造型物，这种转化就是人作用于材料的过程。

然而，用不同材料做成的茶壶会给人以不同的感觉：金属茶壶给人的感觉是闪亮挺拔，塑料茶壶柔和轻巧，玻璃茶壶晶莹剔透，陶瓷茶壶则典雅洁净，根据日常生活经验，还可以想象出木材茶壶、竹子茶壶、皮革茶壶等。由此可以看出，一把茶壶除了外观形态外，构成茶壶的材料也是一种重要的语言，向人们传达信息——闪亮挺拔、柔和轻巧、晶莹剔透、典雅洁净，由此引发出人们对材料的感觉。这种感觉的获得是由人的知觉系统从材料表面特征得出信息，并通过感觉器官对材料作出综合印象。产品材料包含两个基本属性：生理心理属性和物理属性。生理心理属性是指材料表面作用于人的触觉和视觉系统的刺激特征，如粗犷与光滑、温暖与寒冷、华丽与朴素、沉重与轻巧、坚硬与柔软、干涩与滑润、粗俗与典雅等感觉特征；物理属性是指材料的肌理、色彩、光泽、质地等理化特征。如图3-24所示是三把不同材质的茶壶，材质分别是纯银、和田玉、紫砂。

图3-24　三把不同材质的茶壶

材料有自然和人工合成之分。人工合成材料由天然材料加工提炼或复合而成。作为产品的物质基础，材料同时也决定了产品的构造、质感、肌理、色彩等，以及加工手段、工艺、连接方式和连接强度。所以，工业产品设计者需要丰富的材料知识和经验，一般可以通过相关课程和阅读材料相关书籍获得，在此不展开说明。

就产品构造而言，材料的构性是一个重要因素。所谓构性是指材料的结构抵抗重力、荷载力的形式与能力，是材料特性与结构受力形式的综合因素。下面以纸张为例了解其重力和荷载力对纸材构性的影响。

重力因地球引力而产生。为了克服重力，任何材料在构造一个形体时都要直接或间接与地面发生关系，其构造不是从下向上承托就是向下牵拉。荷载力是指形体重力以外的受力，包括承载物（或人体）的重量、外界的冲击力等。譬如瓦楞纸结构增强了纸材的荷载力，其核心部分的瓦楞是通过黏结剂将两张牛皮纸和瓦楞黏合后，使纸板中层呈空心结构，除增强纸的荷载力外，其挺度、硬度、耐压、耐破、延伸性等性能要比一般纸张大许多倍。现在市场上家用电器的运输包装均采用瓦楞纸来替代传统木箱包装，就充分发挥了瓦楞纸的构性特点。我们可以通过分析瓦楞的形状以及组合方式了解瓦楞纸的材料特征。

首先了解一下楞型的种类，瓦楞纸在结构上的特征是压成波纹的瓦楞。楞型不同，其抗压强度也不同。瓦楞纸的楞型有：A型、B型、C型和E型（表3-1）。四种楞型的用途：外包装（或称运输性包装）采用A、B、C型楞；内包装（或称销售性包装）采用B、E型楞。A型楞的特点是单位长度内的瓦楞数量少，而瓦楞最高。使用A型楞制成的瓦楞纸箱，适合包装较轻的物品，有较大的缓冲力。B型楞与A型楞正好相反，单位长度内的瓦楞数量多而瓦楞最低，其性能与A型楞相反。使用B型楞制成的瓦楞纸箱，适合包装较重和较硬的物品，多用于罐头和瓶装物品等的包装。C型楞的单位长度的瓦楞数及楞高介于A型楞和B型楞之间，性能接近于A型楞。相比较而言，E型楞又细又小，楞高仅为1.1mm。与A、B、C型瓦楞相比，E型楞具有更薄更坚硬的特点，一般作为增加缓冲性的内包装盒。

表3-1 不同楞型决定了不同的抗压能力

| 楞型 | 楞高/ mm | 楞个数（300 mm） | 平面抗压强度/ MPa |
| --- | --- | --- | --- |
| A | 4.5～5 | 34±2 | 0.227～0.248 |
| B | 2.5～3 | 50±2 | 0.352～0.374 |
| C | 3.5～4 | 38±2 | 0.284～0.320 |
| E | 1.1～2 | 96±4 | 0.61 |

其次是楞型组合方式不同，瓦楞纸板的构性也就各有所异。其按组合方式可分为：双面瓦楞纸板（三层瓦楞纸板）、双瓦双面瓦楞纸板（五层双瓦楞纸板）和三瓦双面瓦楞纸板（七层三瓦楞纸板）（图3-25）。双瓦双面瓦楞纸板是使用两层波形瓦纸加面纸制成的，即由一块单面瓦楞纸板与一块双面瓦楞纸板贴合而成。在结构上，瓦楞纸可以采用各种楞型的组合形式，其性能各不相同。由于双瓦双面瓦楞纸（五层瓦楞纸板）板厚，其性能比普通双面瓦楞纸板强（三层瓦楞纸板），特别是垂直方向的抗压强度有明显的提高；由双瓦双面瓦楞纸板制成的瓦楞纸箱，多用于易损物品、沉重物品以及需长期保存的物品的包装。三瓦双面（七层）瓦楞纸板是使用三层波形瓦纸制成的，即在一张单面瓦楞纸上再贴上一张双瓦双面瓦楞纸。与双瓦双面（五层）瓦楞纸一样，可采用A、B、C、E各种楞型的组合。在结构上，使用三种楞型组合而成的瓦楞纸板，比使用两种楞型组合而成的双瓦双面（五层）瓦楞纸板要强。因此，用三瓦双面瓦楞纸板制成的瓦楞纸箱，多用于包装沉重物品，以取代木箱包装。

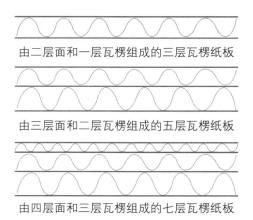

由二层面和一层瓦楞组成的三层瓦楞纸板

由三层面和二层瓦楞组成的五层瓦楞纸板

由四层面和三层瓦楞组成的七层瓦楞纸板

图3-25 瓦楞纸

所以，材料的构性与产品构造、功能的实现有紧密的联系。如图3-26所示是一件站立式办公桌，采用7mm厚瓦楞纸做成，重量只有6.5kg，折叠状态下，普通人以单手就能够提起、移动。这件作品充分考虑了瓦楞纸的材料构性，在材料的方向性、排列形式以及连接形式等细节上都作了良好的设计。

图3-26　站立式办公桌/瓦楞纸

**课题研究**

### 人体支撑物

瓦楞纸广泛应用在商品的运输包装上，但完成包装功能后随即成了废弃物。本课题以包装瓦楞纸为材料，设计能承受设计者本人重量的支撑物。瓦楞纸有其脆弱的一面，也有其坚韧的特性。要充分利用这种材料特性进行构造设计。要根据材料特性设计连接方式，不得使用铁钉及黏结剂，能自由拆卸，并用图解的方法画出构思过程及连接示意图。见图3-27～图3-29。

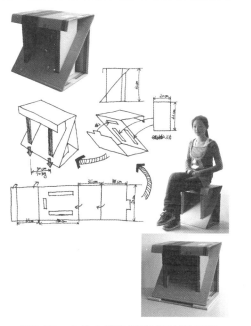

图3-27　人体支撑物/课程设计/徐周音

**产品构造设计**

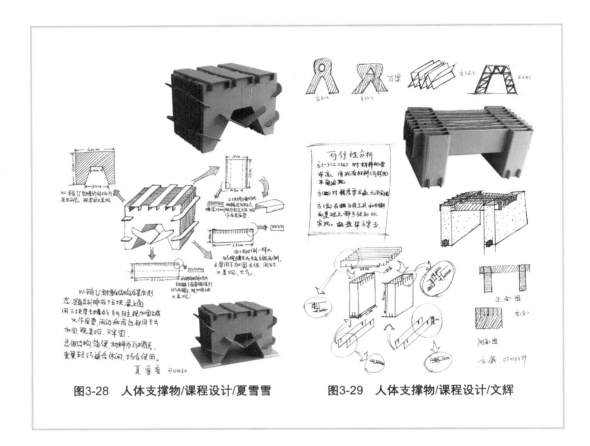

图3-28　人体支撑物/课程设计/夏雪雪　　　　图3-29　人体支撑物/课程设计/文辉

040

第 **4** 章

# 机能构造

机能在生物学中的含义是生物体器官的作用与活动能力。作为物体构造的部件同样有机能的作用。机能构造的概念便于我们理解事物构成的本质，按其特点进行分类，建立起合理的认知框架。

# 4.1 折叠构造

在自然界，生物体通过改变自身形体的尺寸来满足生存的需要。它们用变小体形来达到藏身、休息和保护自己的目的；而变大体形可以向对方示威或欺骗对方，这是物竞天择的需要。走兽站立奔跑时所占空间很大，睡觉时四肢蜷曲占的空间很小；动物四肢及鸟翼、腿骨结构都是便于伸展蜷曲的。鸟翅、蝙蝠翼、鱼鳍的伸展收缩（图4-1）；花朵从含苞到怒放、萎缩；动物胸肋骨便于呼吸时扩张收缩的平行构造；蛇、蚯蚓、蚕等的运动……自然界里的这些现象为人类的造物行为提供了生动的启示，折叠构造可以说是受到这种启发的最好说明。

**图4-1　大雁展翅飞翔为着陆状态所占空间的4～5倍**

人们通常把"折"和"叠"组合成一个词来用，但仔细分析，"折"和"叠"又是两个具有不同语义的字。《现代汉语词典》中，"折"的语义有：① 断，弄断；② 损失；③ 弯，弯曲；④ 回转，转变方向；⑤ 折服；⑥ 折合，抵换；⑦同"褶"，折叠；⑧同"摺"，折子；等等。"叠"的语义有：① 一层加上一层，重复；②折叠；等等。

由此可知，"折"和"叠"含义不同，但两者有着一定的关联。因此常常把"折叠"连在一起使用。例如，可以将一张纸反复对折，由此产生"叠"的结果，但"叠"未必都是"折"的结果，例如在日常生活中常把同样大小的碗叠放在一起，这就不是"折"的所为。

### 4.1.1 折叠的类型

古往今来，运用折叠构造的物品造型可谓名目繁多，仔细分析，这些看似千差万别的产品造型，都有其各自的造型规律，如图4-2所示为折叠构造分类图。

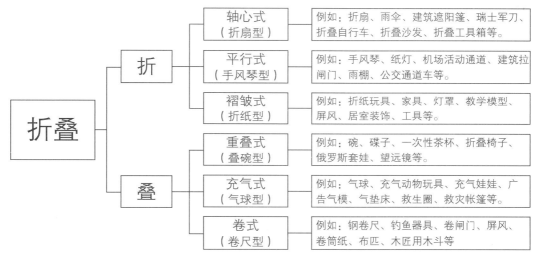

| 折叠 | 折 | 轴心式（折扇型） | 例如：折扇、雨伞、建筑遮阳篷、瑞士军刀、折叠自行车、折叠沙发、折叠工具箱等。 |
| | | 平行式（手风琴型） | 例如：手风琴、纸灯、机场活动通道、建筑拉闸门、雨棚、公交通道车等。 |
| | | 褶皱式（折纸型） | 例如：折纸玩具、家具、灯罩、教学模型、屏风、居室装饰、工具等。 |
| | 叠 | 重叠式（叠碗型） | 例如：碗、碟子、一次性茶杯、折叠椅子、俄罗斯套娃、望远镜等。 |
| | | 充气式（气球型） | 例如：气球、充气动物玩具、充气娃娃、广告气模、气垫床、救生圈、救灾帐篷等。 |
| | | 卷式（卷尺型） | 例如：钢卷尺、钓鱼器具、卷闸门、屏风、卷筒纸、布匹、木匠用木斗等 |

图4-2　折叠构造分类图

#### （1）"折"的三种形式

##### a. 轴心式

以一个或多个轴心为折动点的折叠构造，最直观形象的产品就是折扇，如图4-3所示。所以轴心式也称"折扇型"。轴心式是最基本也是应用最多的折叠形式。

轴心式结构包括同一轴心伸展的结构，如伞、窗户外的遮阳篷；也有多个轴心的构造（不是同一轴心），如维修路灯的市政工程车、工具箱等；还有同一轴心、不同伸展半径的

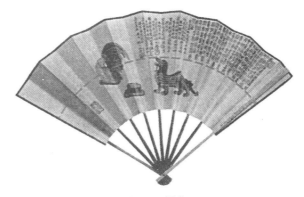

图4-3　折扇

物品；以及同一方向但可以上下联动的物品，等等。在折叠童车设计上常常是多种形式的综合运用。轴心式结构的特点是构件之间在尺度关系上比较严格，在设计上要求计算准确，配合周到。轴心式是应用最早、最广也是最为经济的构造形式之一（图4-4）。

图4-4　折叠键盘

有时，复杂的设计不全是直接通过计算得到的，往往是根据产品的功能要求和折叠特性，经过多次试验，或者凭借设计师的经验才能设计出巧妙而又有效率的折叠构造来。当然待折叠构造基本确定以后，则要对折叠的各个构件进行严格的计算，才能最终完成设计任务。

b. 平行式

利用几何学上的平行原理进行折动的折叠构造，典型产品是手风琴，所以平行式也称"手风琴型"，如图4-5所示。平行式结构可分为两种：一种是"伸缩

图4-5　手风琴

型"，通过改变物品的长度来改变物品的占有空间，如老式照相机的皮腔、气压式热水瓶，等等；还有一种是"方向型"，结构上是平行的，而在运用时是有方向变化的，如机场机动通道的皮腔装置，为了能灵活对准机舱门，机动通道口必须能灵活调整角度（图4-6）。

图4-6　机场机动通道

平行式的优点是活动灵活，易产生动感，线形变化丰富，具有律动美。相对轴心式，其结构要简单得多，造价也要相对低廉，所以广泛应用在各类产品设计中。不足的是，这种结构的物品如不加辅助构件，不易定向，易摇晃扭损。

要使物品能产生"折"动，要符合以上两个基本原理中的一个或兼而有之，否则就难以实现。例如"公交通道车"，中间的折叠部分表面上看起来是平行式，像手风琴似的，实际上它的基本折叠构造是轴心式，是一个有轴心

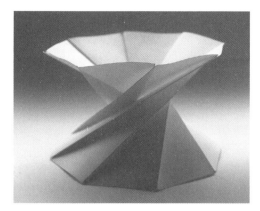

图4-7　折纸

的转盘连接前后两个车厢。比较复杂的折叠自行车，一般会有多条折动线、多个轴心，不管结构有多复杂，都必须符合基本的几何原理，各对折动线的长度相加必须相等，否则就不能产生折叠结果。

**c. 褶皱式**

这里所指的"褶皱"就如把一张平面的纸张，折成一个立体的纸船，褶皱是平面立体化的手段。折纸最形象地体现了这种形式，所以褶皱式也称"折纸型"（图4-7）。轴心式和平行式多多少少带有机械结构，用于定位定向等，在一定范围内展开收拢。褶皱式没有机械成分，而是利用材料本身的韧性和连接件完成从平面到立体的转换，并在两个维度中双向变化。

**（2）"叠"的三种形式**

**a. 重叠式**

"叠"的特征是同一种物品在上下或者前后可以相互容纳而便于重叠放置，从而节省整体堆放空间。最常见的如叠放在一起的碗碟（图4-8）、椅子（上下重叠）、超市购物车（前后重叠）。如图4-9所示椅子就是运用了群体重叠的构造，适用于会议室等公共场所。

图4-8　叠碗

图4-9　叠放的椅子

重叠式的另一种形式是由一系列大小不同但形态相同或相似的物品组合在一起，特征是"较大的"完全容纳"较小的"。譬如俄罗斯套娃。套娃是一种木制品，特点就是"大的套小的"，每个娃娃上有彩色图案，多是俄罗斯古典女孩形象，也有各国总统头像和俄国历代领袖头像（图4-10）。按照套叠娃娃个数的不同，分成5件套、7件套、12件套、15件套，等等。这个玩具最能体现节约空间的"优势"："十来个玩意"只占有"一个"的空间。在魔术表演中常用类似的表演手段，在"没完没了"的重复中产生"惊喜"的效果。市场上相同概念的产品也层出不穷（图4-11）。此外大小套筒的滑动也是"重叠式"，通过套筒的滑动来调节形体，实现一定的功能或节省空间。典型代表是古代望远镜、长焦距照相机、消防云梯，通过滑动来完成聚焦和存储的功能。

图4-10　套娃

图4-11　重叠式烟灰缸

### b. 充气式

充气式是在薄膜材料中充入空气后而成形的产品，其薄膜通常是高分子材料。最典型的是热气球（图4-12）和儿童气球，所以也称为"气球型"。充气产品在未来社会具有很大的市场前景，旅游产品、户外家具、网购产品等都是发挥优势的领域。充气式产品的特点是可在短时间内产生一个比原材料大若干倍的物体，放气后便于折叠收纳。在现代商业活动中，广告气模是大型的充气产品。

　　图4-13的这款充气沙发充分发挥柔软材质和充气结构的优势，可将人的身体均匀撑托，提升了沙发舒适度。其最大优点是便携、质轻，放气后收纳起来非常方便。

图4-12　热气球

图4-13　充气沙发

### c. 卷式

　　卷式结构可以使物品重复地展开与收拢，从造纸厂出厂的纸张和用于制作服装的坯布都是"卷"式形态。最典型的产品就是钢卷尺（图4-14），所以也称为卷尺型。在卷尺发明之前，有人发明了由许多根木条构成的"之"字形尺，它可以折叠收放，但还是不太方便。直到19世纪末期，勒夫金发明了钢卷尺后，卷尺的使用和收藏才变得极其方便。图4-15所示是名为"线龟"的缠线器，其构造就是采用了"卷"的原理，通过"卷"电线将分散在工作台面上电气设备后垂下来的混乱场面收拾干净。该项产品为此获得瑞士日内瓦国际发明展览会金奖。德国古德工业形态评奖委员会的评价是"独特而简洁的创新"。

图4-14　钢圈尺图

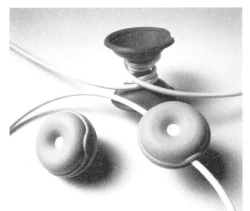

图4-15　缠线器

### 4.1.2 折叠构造的功能价值

现代社会中，人们的生活、工作、学习的节奏比以往任何时候要快得多，生活形态也更加多样。与人的这种生活状态密切相关的人工制品，在品质和功能上被要求得越来越精致和一物多用：一种产品往往要同时扮演多种角色。分析一下童车的用途便能理解人们对产品的要求：在家里应该是摇篮，在社区花园是儿童座车，在商场购物兼有载物功能，在风景区要能背在肩上，在路上要方便上公交车或放在轿车后行李厢中，等等（图4-16）。从人们对这种多功能产品的要求中，我们可以解读出人们生活形态的多姿多彩。在不远的过去，一个木制的婴儿摇篮就能满足需求，而现在人们很少会选择一个单功能的摇篮。对产品的这种多维需求导致了设计师对产品多功能的追求。另外，在现代工业

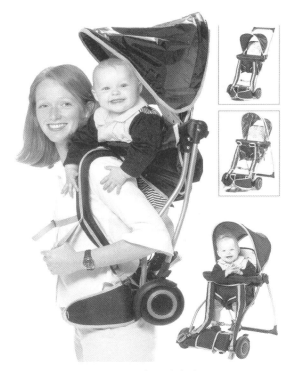

图4-16　多用途童车

化生产、销售的过程中，除了基本的使用功能外，包装、运输、销售方式（仓储式超市）、维修、回收等，都是产品设计中不可回避的因素。一辆童车或者一个落地电扇，在出厂包装时不可能是产品使用状态下的模样，一般都要进行分解或折叠处理，不然运输成本太高（商家把小产品大包装一类的产品称为泡货），运输成本直接制约着产品的市场竞争力。

所以，产品的多功能不仅是使用时的多功能，还包含上述各个环节的功能因素。折叠构造中就蕴含着多功能与空间整理的特征，把实现集多种功能于一体变成可能。折叠构造归纳起来有以下几方面的功能价值：

① 有效利用空间。在本书前面章节中，我们讨论过自然界中的折叠现象，鸟类的飞翔和栖息就是一个展开—折叠的过程。在这个转换过程中，一只鸟本身体积没有发生变化，也就是说所占的实际空间没有变，栖息时的折叠状态只是减少了储藏空间。试想一下，在飞翔时的"展开"状态下，鸟类怎么能躲进鸟窝或者树洞？所以，折叠产品的节省空间主要是指它的储藏空间。如图4-17所示的折叠晾衣架，可以放在橱柜里收纳起来。晾晒衣服时，它比一般的晾衣架有更多的通风空间，上面的衣服干得更快。

▶ 视频4-1 ◀　　　▶ 视频4-2 ◀　　　▶ 视频4-3 ◀
折叠家具　　　　　　沙发　　　　　　　折叠桌

**图4-17　折叠晾衣架/Aaron Dunkerton/英国**

② 便于携带。最直观的例子就是雨伞。一把已经折叠过的竹骨油纸雨伞，其长度大概也要80~90cm，从古画中看到书生进京赶考肩上都要背上一把像步枪一样的雨伞。现代伞材料发生了根本性的变化——钢质伞骨、尼龙伞面，为再次折叠创造了有利条件。现在的二折叠甚至三折叠伞，其长度缩短到25cm以下，可以随意放进小包中。类似的产品有：折扇、折叠摄影用三脚架、折叠衣架等。这类折叠产品在满足一定的使用功能外，主要考虑便携的特征。所以在旅游休闲产品中，折叠 设计是很重要的元素。

③ 一物多用。这一概念，经常被运用在家具设计中。据心理学家研究，人的居住环境最好在一定时期内作些变化，如起居室，沙发、书柜、桌椅最好在半年或一年后在空间布置上作一些变动，让长期处在室内环境中的人产生新鲜感，以利于人的身心健康。所以，家具就成了调度室内空间的道具。有一个家具设计，其双人床可以折叠在大立柜中，这样室内功能就会发生戏剧性变化：白天是客厅功能（床折叠在柜子中），晚上把床从柜子中放下来，那么客厅就变成了睡房。如图4-18所示的这件奇特的书架桌可以说是一物多用的典型之作。

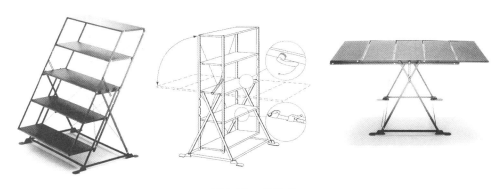

**图4-18　书架桌**

④ 安全。最典型的是瑞士军刀系列产品，把常用的工具如刀、针、剪刀等，经过折叠设计后不但缩小了所占空间，而且隐藏了锋利部分，保证了携带时的安全和方便（图4-19）。

**图4-19　瑞士军刀**

⑤ 降低仓储及运输成本。上面提到的折叠自行车，出厂包装时，折叠后装入的纸箱与展开状态下装入的纸箱，所消耗的包装瓦楞纸用量要节约许多。运输及仓储成本，前者只是后者的1/6。从这一点上讲，折叠产品不仅仅是有效利用空间，还有效利用了资源和能源。尤其是我国近年来网络购物的兴起，改变了商品销售方式，促进了快递业的发展，不管是大型商品如沙发，还是五金工具，都要经过折叠以降低运输成本。

⑥ 便于归类管理。我们在工作学习中都有这样的体会，许多文具、五金工具使用比较频繁。如能把这些具有不同使用功能的工具分门别类地放置，就有利于提高使用效率。反之，就整天处于寻找工具的忙乱中。如图4-20所示的旅行收纳包，每个用具都有存放的位置，看得见，随手可取，而且干湿分离。对于出差旅行的人来说，有这么一个便携收纳包足以让旅行生活有条不紊。

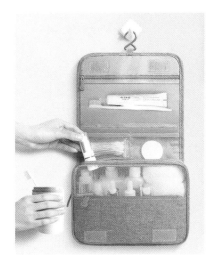

**图4-20　旅行收纳包**

▶ 视频4-4 ◀
组合家具

▶ 视频4-5 ◀
折叠桌

▶ 视频4-6 ◀
柜子

### 4.1.3 折叠构造设计案例

案例一：电器插头

笔记本电脑机身越来越轻薄，而连接电线的三相插头的体积却很大，放在包里占用空间，很容易刮伤其他物品的表面。有位设计师对此做了改变：通过折叠设计，将插头宽度设计得不足1cm。这种插头可以很安全地放在电脑包里（图4-21）。

图4-21 可以改变宽度的插头/Min-Kyu Choi/韩国

从折叠结构角度看，这款插头既属于轴心式结构，又属于平行式结构。其设计融合了折叠当中的两种结构，当需要使用三角插头的时候，只需把下面的两个插头旋转90°，放下两翼就变成了一个普通的三相插头，不用时将下面的两个插头复位即可。这种设计不仅利于存放，而且美观大方。为了在只有一个三相电源插孔的情况下可以同时连接多个三相插头，设计师设计了一个配套的适配器，该适配器能够把三个插头平行塞进去，使得在只有一个插座的情况下可以

图4-22 同时可以使用
三个电器的插头设计

同时给三台电器供电（图4-22）。在这里，设计师运用了平行式结构。这个一变三的插头充分利用当代折叠设计理念，把插头变成独一无二的简单设计。

案例二：电动单车

图4-23所示的这款作品Stigo电动单车出自爱沙尼亚资深汽车工业设计师之手，是针对城

图4-23 Stigo电动单车/Mati Ourapun/爱沙尼亚

市交通问题，设计出的一款适合短途出行的便携式可折叠电单车。其主打的是便携式的特点，让用户可以在很短的时间内，令这款电动车由骑行状态转变为折叠状态且毫不费力。从外观上来看，这款折叠电单车整体给人的感觉是简单大气，折叠起来更像是一个吉他，一字横手把用以掌握方向，中间大梁直达后轮，车座更是平滑可爱，减少了阻力。试想一下，当车从骑行状态瞬间转为折叠状态该是多么炫酷。

　　这款折叠电单车从折叠结构角度来说属于典型的轴心式结构。Stigo的命名含义来源于"Style"和"Go"两个英文单词，Stigo设计师Matti Õunapuu在设计之初希望这辆折叠电单车可以在提高人们的出行效率的同时，满足现今城市人们轻松自在、个性化的出行需求，而由电作为驱动力也是对低碳环保出行理念的践行。这款电单车的一个特点是折叠后呈直立状态，高度约为120cm，占地面积约为45cm×40cm，便于携带，可以随身拖行，并能放入汽车后备厢中，可以与公交、地铁等公共交通工具实现无缝接驳。另一个特点是能够实现快速折叠——（2s两步折叠），通过独特的结构（坐垫下扣机构和车头内向折叠机构）可将车辆变成直立形态，且依靠辅助支撑轮可以轻松实现直立停靠。见图4-24。

图4-24　Stigo电动单车折叠程序

**课题研究**

### 折叠与收纳

　　以自己的生活环境为观察对象，对宿舍、家、校园公共场所及本人生活状态作深入仔细的调查研究；画出思维导图或概念地图，从中提炼设计概念；画出设计草图、结构图；制作设计模型及版面。材料：模型板、瓦楞纸、卡纸、无纺布、EVA等易加工材料。见图4-25～图4-27。

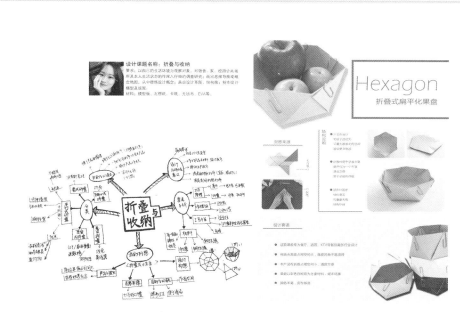

**图4-25　从折叠式扁平化果盘/折叠与收纳/吴玉鑫**

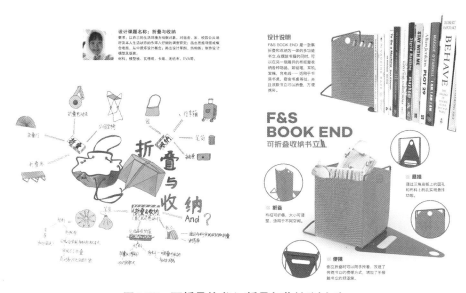

**图4-26　可折叠的书立/折叠与收纳/刘小欢**

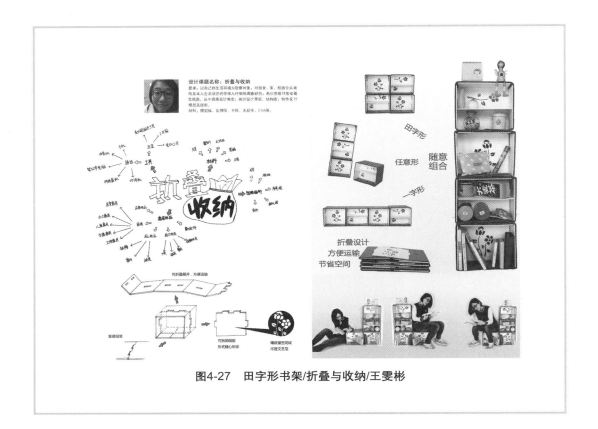

图4-27　田字形书架/折叠与收纳/王雯彬

# 4.2 契合构造

　　契合是两个物件个体阴阳咬合的一种构造形式。契合作为物件之间的构造方式，古今中外广泛运用，从中国古代建筑中的榫卯结构到工业产品的拉链都可以看到这种构造的行踪。这种构造的魅力表现在：当两物件连接在一起时可以达到相当的牢度；而需要分拆时各自既能保持独立完整，又互相不伤害对方。其中的含义可以从中国古代的智力玩具——孔明锁（或称孔明榫）中得到诠释。

　　孔明锁相传是三国时期诸葛孔明根据八卦原理发明的玩具。其形式和名称有许多：别闷棍、六子联方、莫奈何、难人木等。它起源于中国古代建筑独有的榫卯结构。从古到今，人们利用孔明锁结构制出多种工艺品，如绕线板、筷子筒、烛台、健身球等。近代还有用塑料和木材制造的组合球、组合马、魔方锁扣和镜框等。另外还有人将传统的孔明锁6

柱式改进为7柱、8柱、9柱（图4-28、图4-29）、10柱、11柱、12柱，乃至15柱式，这些都能在中外专利数据库中找到。所以，建筑师和工业设计师常常把对孔明锁的研究纳入基础设计研究范围。

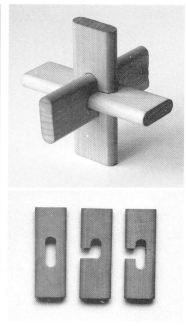

图4-28　九柱孔明锁　　　　　　　　　　图4-29　三柱孔明锁

### 4.2.1　契合构造的两种类型

我们可以从榫卯、拼图中找出契合构造的特征，也可以看作是契合构造两个不同的类型。

**（1）榫卯**

榫卯可以说是契合构造的典型代表，也是中华民族智慧的结晶。在河姆渡文化遗址，距今6000～7000年前我国新石器时代早期，古代先人们已经用石器来加工木材，制作出了各种木构件用于建造原始的建筑和生活用品，并创造出了"不用一颗钉子，全用榫卯搭接"的特有技术。其基本思想就是通过在构件上挖孔，使构件之间咬合起来，通过限制各个构件在一到两个方向上的运动，使整个构件成为一个整体。这种做法充分利用了木材易加工的特性，通过榫卯连接，让有限尺度的木料加工成一个构件，再使由一个构件组成更大的构造物成为可能。譬如中国传统建筑上的斗拱突破了木材原始尺寸的限制。此外，契合构造形式和木材的加工方法相适应，是榫卯技术得以延续和发展的重要因素。

河姆渡遗址中的榫卯实例证实，榫卯结构已具备了最基本的三个要素：榫头、卯口、销钉（图4-30）。发展至宋代就达到了巅峰，一座宫殿有成千上万的构件，不用一颗钉子而紧密结合在一起，体现了契合构造的功用。在明代家具制造中，榫卯结构以"其工艺之精确，扣合之严密，间不容发，使人有天衣无缝之感"，又一次达到一个高峰。

由于对木材的特性有了深刻的理解，明代工匠在制造家具时把"榫卯结构"的契合原理演绎到出神入化的地步：由于木材断面（横切面）纹理粗糙，颜色也深暗无光泽，就用榫卯接合将木材的断面完全隐藏起来，外露的都是花纹色泽优美的纵切面。随着气候湿度的变化，木板不免胀缩，特别是横向的胀缩最为显著，攒框装入木板时，并不完全挤紧，尤其是在冬季制造的家具，更需为木板的横向膨胀留伸缩缝。榫卯结构讲究衔接贯通，不同构件之间的线脚和平面浑然相接，达到完整统一的效果。值得研究的是，在明代家具中榫卯结构不仅仅是木构件中的节点，而直接成为造型手段。以楔钉榫将木材连成优美的圆弧形椅圈；用夹头榫、插肩榫使案形结构强度更大、造型更完美；抱肩榫可以派生出各种类型，使有束腰、高束腰造型产生各种丰富多样的变化。当把这些精妙的结构拆解再复原，它依然精密、合而为一体（图4-31）。

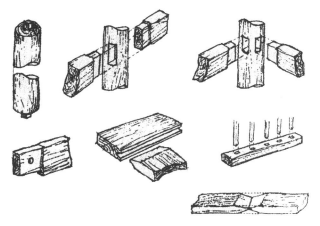

**图4-30　河姆渡榫卯示意图**

针对不同的结构位置，有各种不同的榫。例如：板材结构使用的"燕角榫""明榫""暗榫"；横竖材结合使用的"格角榫""穿鼻榫""插肩榫"；霸王枨使用的"勾挂榫"；桌案上使用的"插榫"等。两块薄板拼合时常用"龙凤榫"，即用榫舌和榫槽拼接。这种样式可在现代实木地板中见到。薄板拼合后，

**图4-31　榫卯构造**

为增加牢度，防止其弯翘，在反面开槽，将梯形长榫格穿入，称为"穿带"，这种榫称为"燕尾榫"。厚板的直角接合处常用暗榫角接合和明榫角接合。明榫接合比较粗糙，常用在看不见的地方，如抽屉的拐角处。有的工匠技术高超，能将很薄的板用暗榫接合。

　　实木家具在制作过程中，很多地方都会出现横竖动材的交接，如扶手椅的搭脑和后腿会使用圆材暗榫角接合，扶手与前后腿，管脚杖与前后腿的拼接都会使用"格肩榫"接合。方材接合时，因为款式的需要会产生"大格肩"和"小格肩"的样式。横材穿透竖材的情况称为"透榫"，否则为"半榫"。多数家具为了不露痕迹都采用"半榫"，少数家具出于款式考虑，不仅为"透榫"，还会故意伸出去。

　　古代工匠为了让桌面下没有横杖影响腿脚的活动，设计出"霸王杖"，取代横杖的固定作用。霸王杖上端用木销钉和桌下的"穿带"相连固定，下端使用"勾挂榫"和桌腿相连。腿上的榫眼为直角梯台形，上小下大，榫头形状上扬，纳合榫眼后，垫入木楔，杖子就被卡牢，要先拔去楔子，才可将杖子拿下（图4-32）。

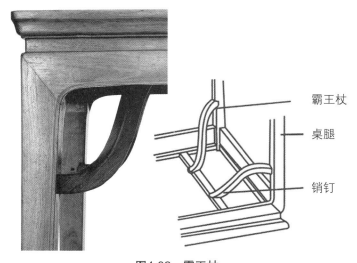

霸王杖

桌腿

销钉

图4-32　霸王杖

　　实木家具在弧形弯材结合处常常难以找接缝，这就是"楔钉榫"的作用。圈椅上椅圈就是用这种榫将几段弧形木料连接起来的。先在木料两端做两片合掌式的形状，头部再做槽和舌头，互相抱穿后，不再移动，在搭脑中部凿方孔，将头粗尾细的方形楔钉投入，两段弧形就连成一体了。

　　明代的案子上所使用的"夹头楔"已经发展得很成熟，并有多种变异。基本制作是在案腿上打槽，顶端再做嵌入桌面底部的榫头，将牙头夹在榫中。这种榫结构还按照家具款式做出各种造型。还有一种特殊榫件，用于装在可拆开的构件之间。推上这种"走马榫"，可将两个物件固定，拉开就可以拆开两个部件。有的红木家具在做完后在榫部位钻孔，投入细长木头，将榫头固定住，称为"关门钉"。制作好的榫头是无须用"关门钉"固定的。

尽管中国人从未将"榫卯"置于艺术创造的范畴，然而古代工匠的心血好像和木头契合为了一个有艺术情感的生命。榫卯结构的分类见图4-33。

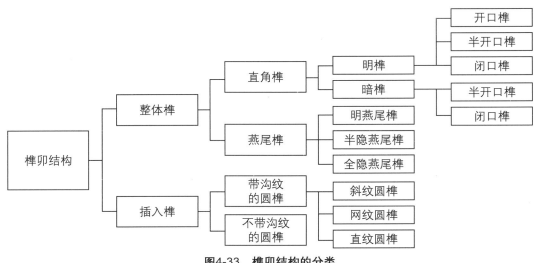

**图4-33　榫卯结构的分类**

### （2）拼图

拼图是我国古老的益智玩具之一，其中最著名的是"七巧板"。古人尚七，用七块板来拼图，其中巧妙的形态契合设计、变化无穷的构图，能起到活跃形象思维、启发智慧的作用，是中国古代数学与艺术的结晶。拼图传到国外后，风行世界，号称"唐图"。

"唐图"，自然与唐代有关，它的发明是受了唐代"燕几"的启发。"燕"通"宴"。所谓"燕几"，就是唐朝人创制的专用于宴请宾客的几案，其特点是可以随宾客人数多少而任意分合。它的大致形制，在传世的《韩熙载夜宴图》中可见一斑。到了北宋，任秘书郎的黄伯思对这种"燕几"做进一步改进，设计成六件一套的长方形案几系列，既可视宾客多少拼合，又可分开陈设古玩书籍。案几有大有小，但都以六为度，故取名"骰子桌"。他的朋友宣谷卿看见这套"骰子桌"后，十分欣赏，再为他增设一件小几，以便增加变化，所以又改名"七星桌"。七巧板的雏形，就在这实用价值和艺术审美兼备的形态契合中产生了。

由此看来，中国古代的这种契合设计思想，对今天的我们还具有启发意义。在当今的市场上，花样繁多的纸质拼图、木质立体拼图玩具等已成为开发儿童立体思维的玩具（图4-34）。许多优秀的设计师也常将类似的概念运用到产品设计中，给受众带来充满机智、巧妙趣味的惊喜（图4-35）。

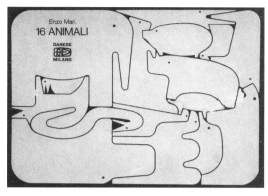

图4-34 木质拼图积木

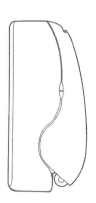

图4-35 冰箱门的契合设计

## 4.2.2 契合构造的功能价值

契合构造设计，就是根据功能要求，找出物件之间的相互对应关系，如上下、左右或正反对应等，创造出来的物件相互配合，互为补充，由各自独立的构件通过契合成为统一体，达到扩大功能、节省材料和空间、方便储存等目的。其功能价值具体如下。

① 有效利用材料。节约材料，如图4-36所示的椅子是意大利设计师西尼·博埃利和日本设计师托马·卡塔亚那吉合作设计的。设计者对材料即玻璃（12mm厚的弯曲水晶玻璃）的可能性和深藏的潜力做出研究，将整块玻璃根据功能要求进行切割，形成椅面、椅脚、椅腿不同功能区域，使产品获得连续、透明、幽灵般的形态，最大限度地利用了材料。该设计利用契合原理，使产品形成优美的造型和流畅的线条。没有一点累赘的设计，在满足基本功能的同时，显示出独特的设计品位。

② 融机智于趣味之中。图4-37所示的几何造型产品，两个大调羹相咬合，并和碗的内部曲线和谐地搭配在一起。这个不寻常的沙拉碗和调羹，将契合的设计理念融入其中。

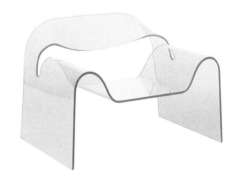

图4-36 魔鬼扶手椅

图4-37 沙拉碗和调羹

③ 有利于组合与排列。独立的形态和整体的形态有各自的特点，独立的形态之间是相

互对应的，并以整体组合为前提。

④ 便于归类管理。文具、五金工具使用比较频繁，市场上有许多组合文具盒、组合工具箱产品就能把这些具有不同功能的工具分门别类地放置，有利于提高使用效率（图4-38）。

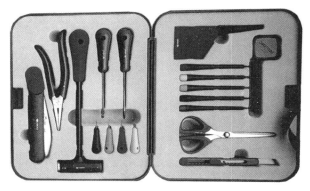

图4-38　组合式五金工具套装　　　　　　　图4-39　儿童工具套装

### 4.2.3　契合构造设计案例

如图4-39所示是专为小学生设计的一套手工工具组合。这些工具的形态被设计成可爱的小动物形象，满足了儿童渴望了解世界的求知欲望。这一设计最大的特点是每个工具的形态被设计成契合的形态。当使用完这些工具将它们归回工具箱时，这些"小动物"又成了一个统一的整体，它们之间没有多余的空间，契合原理给设计带来了节约空间、携带方便等优势。同时，这些拼图的收藏方式也给使用者带来某种乐趣，并培养他们做事的条理性。在这里，设计师利用契合构造，不仅满足和扩展了产品本身的基本功能要求，同时在使用者幼小的心灵中激发出创造的火花。

**课题研究**

#### 榫卯解构

在图书馆、互联网上收集尽可能多的榫卯资料，从中选择一个或多个榫卯结构，用瓦楞纸等材料进行再设计。用图解方式手绘出该物的构造原理，分析其构造特点。

以上述研究为基础，用瓦楞纸等材料模拟其榫卯构造。设计制作版面，内容包括手绘资料、模型照片，及简要说明文字。见图4-40～图4-42。

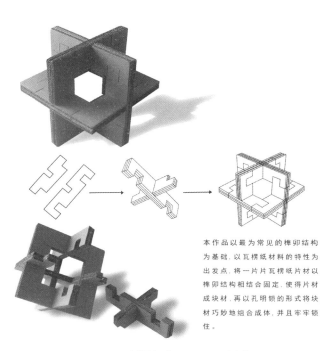

本作品以最为常见的榫卯结构为基础，以瓦楞纸材料的特性为出发点，将一片片瓦楞纸片材以榫卯结构相结合固定，使得片材成块材，再以孔明锁的形式将块材巧妙地组合成体，并且牢牢锁住。

图4-40　折叠解构/瓦楞纸/刘定轩

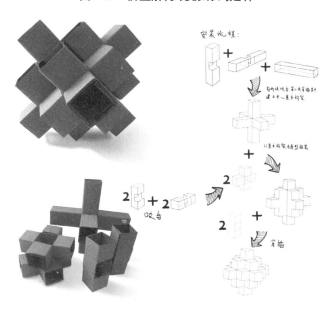

图4-41　折叠解构/瓦楞纸/张玲娇

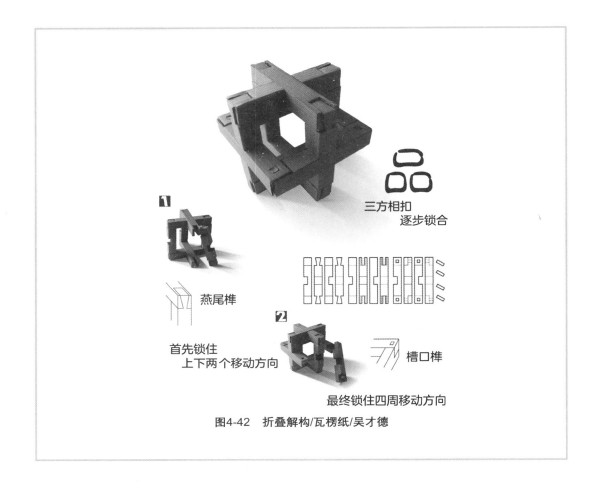

三方相扣
逐步锁合

燕尾榫

首先锁住
上下两个移动方向

槽口榫

最终锁住四周移动方向

图4-42　折叠解构/瓦楞纸/吴才德

# 4.3 连接构造

　　连接构造的运用几乎存在于所有的制品结构，如包袋的搭扣、皮带扣、门窗的合页装置、电子产品壳体自锁连接装置、火车车厢之间的拖挂装置等。构成制品的各个部件都需要依靠一定的连接结构构成整体。从中可以发现，连接方式和材料的特性有着直接的关系。而且对连接构造的设计研究也最能体现工业设计的水平。如德国的家具产品世界闻名，而该国的家具五金连接件的设计水平及质量更为设计界所瞩目：性能好、巧妙灵活，处处体现"以人为本"的理念。所以探索和研究连接构造对设计创新有着重要的意义。

　　连接构造一般分为两大类：一种是产品各个部分之间有相对运动的连接，称为动连接；另一种连接则是被连接的部件之间不允许产生相对运动的连接，称为静连接。在制造业中"连接"通常是指静连接，本节重点研究这类连接构造（图4-43）。

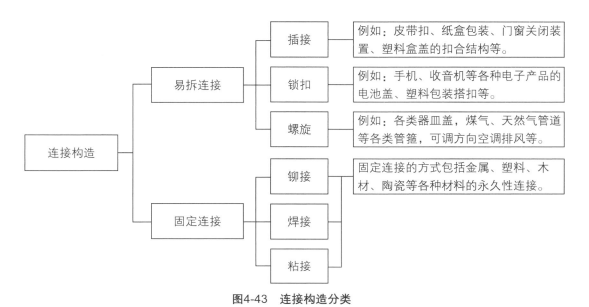

图4-43　连接构造分类

　　上述的静连接又可分为易拆连接和固定连接。易拆连接是不损坏连接中的任何一方就可拆开的连接，并可以多次重复拆卸（图4-44），本节列出了三种形式：插接、锁扣和螺旋（在机械制造中还有键连接、销连接等）。固定连接是指至少要损坏连接中的某一部分才能拆开，如铆接、焊接、粘接，在竹藤家具制作中还有捆扎和编结的连接方式（图4-45）。各种连接在设计上都要求耐久可靠、工作稳定、简单并易于加工。

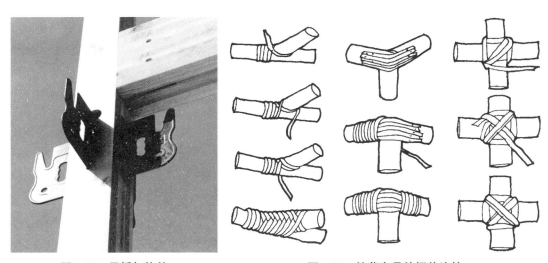

图4-44　易拆卸构件　　　　　　　　图4-45　竹藤家具的捆扎连接

### （1）插接

插接就是在连接构件上的相应插装部位进行连接，如皮带钮插入皮带孔、门窗上使用插销等。如图4-46所示是纸的插接练习。插接是易拆连接中最为直观和最容易拆卸的结构，常用在构件的组装、堆叠及模块化设计中。

### （2）锁扣

锁扣连接是靠材料本身的弹性来实现连接的（尤其是塑料构件），特点是结构简单、拆卸方便、形式灵活、工作可靠，在现代产品中应用极为广泛。家用电器中的外壳大多是由塑料构件组成的，由于塑料具有较大的弹性特征，易于靠部件结构的弹性变形来实现锁扣连接，而不必附加另外的弹性元件，无论在装配现场还是在使用现场，锁扣连接方式都比较快捷经济（图4-47、图4-48）。

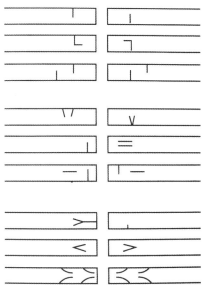

图4-46　纸的插接结构

图4-47　塑料袋锁扣

图4-48　弹性锁扣

锁扣结构给产品的拆装带来了很大的方便，而且几乎不影响制造成本，这里指的是对模具的复杂程度增加有限。设计时要注意材料的弹性变形能力、结构要求的固定力大小和拆装频繁程度等因素。设计锁扣的位置时，应避免装配后的锁扣处于尖角、开口或结合线处，因为这样会缩短锁扣的使用寿命。如图4-49所示是一个常见的塑料件锁扣结构，依靠材料本身的弹性和钩状形态进行连接。当需要闭合时，插入锁扣。打开时，左右下压倒钩，同时拉出锁扣即可。

过盈配合连接也可以归在锁扣式连接中，如笔类产品中笔帽与笔杆之间的连接，笔杆在某一部位有一个"肩膀"，其尺寸略大于笔帽，通过这种过盈接触面的摩擦力来实现连接。过盈量、过盈配合面积大小决定了连接的稳定性和分开的方便性。当然，塑料制品可以运用上述连接方式，金属零件之间的过盈配合往往运用在拆装频度低的连接中，利用热胀冷缩原理才能进行有效的拆装。

**（3）螺旋**

图4-49　塑料件锁扣

日常生活中饮料瓶、牛奶瓶、糖罐、盐罐等瓶形容器的开启方式大都是螺旋结构的，开、关盖操作简单，可靠性强。普通药瓶也是螺旋结构，为了防止儿童在家长不在的时候擅自打开药瓶而发生误食现象，有一种药瓶盖同样是螺旋盖，但儿童不能轻易打开，巧妙而又有效，见图4-50。

在交通工具的设计中，为了防震动而引起螺丝松动的现象发生，常用弹簧垫圈，还可以在螺母上设计一个防脱自锁结构，简单而可靠，见图4-51。

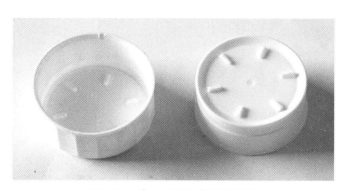

图4-50　防止儿童误食的药瓶盖

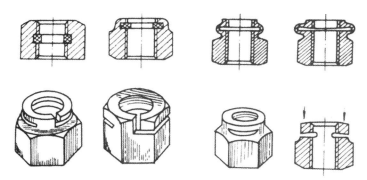

图4-51　具有锁簧功能的螺母

管箍——螺旋连接的另一种方式，常用于管道连接和更换，如煤气罐、热水器导管等。管箍形式多样，其主要变化在锁紧装置上，如图4-52所示。管箍的主要结构为开口金属环，依靠调节螺旋装置开口大小来箍紧。

图4-52　连接软管的管箍

**课题研究**

## 连接

寻找合适的材料，设计一种创新连接（连接方式不得使用黏结剂）。首先要确定基本形，基本形之间必须能自由拆卸，并能组合成一个结构稳定的整体。要充分研究材料特性与形态连接的可能性。其次，设计制作版面，内容包括构思过程、连接示意图和模型照片，及简要说明文字。模型尺寸：16cm×16cm×16cm。见图4-53～图4-55。

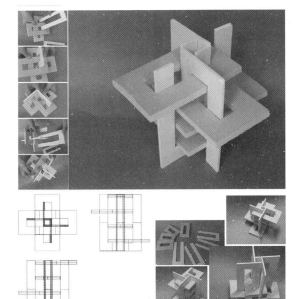

图4-53　连接/模型板/严胡岳

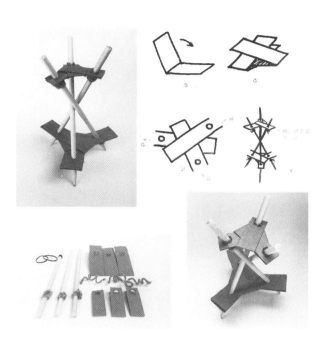

图4-54　连接/瓦楞纸/张明珠

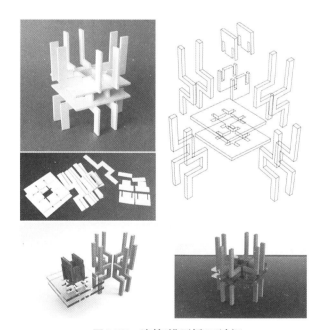

图4-55　连接/模型板/王诗汇

# 4.4 弹力构造

弹力构造指的是利用材料的弹性来形成结构。中国古代兵器中的弓和弩就是典型的弹力构造。如今人们在日常生活中使用的各种夹子、曲别针、瓶塞、拖把就是利用材料的弹性制造的物体（图4-56、图4-57）。

图4-56　葡萄酒瓶塞构造

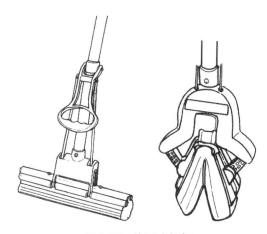

图4-57　挤干式拖把

弹力构造一般是由弹性材料构成的。弹性材料是科技发展到一定程度的产物，大多数弹性材料是化学合成物，但也有一些物理性的弹性材料，比如传统的弹簧。弹性材料的特性相对温和，十分适于用在人性化的、友好型的产品设计中，可以帮助产品增强亲和力与生命力。如图4-58所示是获得红点奖的折叠漏斗，灵感来自老式的单反照相机镜头外面的遮光罩。当不用漏斗的时候可以将它折叠起来节省空间，这种特性得益于特殊的软质弹性材料。其特点：

① 必须在外力的作用下，弹力构造体才能发挥作用；

② 弹力是一个双重概念，既包括压缩，又包括伸展，即"压力"和"张力"，压缩是为了存储，伸展是为了使用；

③ 需要注意的是，细长的材料，当受到来自两端的压力时，很容易发生弯曲，而受到牵引时，就能发挥很大的抵抗力，所以，细长材料更能发挥拉力效率。

如图4-59所示是一个垃圾桶，借鉴了折叠帽子的形式，使用了用于做帐篷的材料。松开包装，便可以完全弹展开来。弹性卓越的玻璃钢内撑能使整个垃圾桶折成一个平面，从而减少运输和包装的成本。

图4-58　折叠漏斗

图4-59　弹力垃圾桶

**课题研究**

## 秤

　　要求：充分理解构造原理，通过观察生活和对物体称重的分析，设计一款富有创意的称重工具。要求选择合适的材料和解决方案。

　　作业要求：结构图、平面图、模型或3D打印、组装图等（见图4-60～图4-62）。

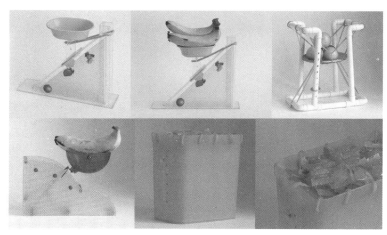

▶ 彩图4-60 ◀

图4-60　秤/橡皮筋/陈艳虹、贺文倩、寿路平、杨娟娟

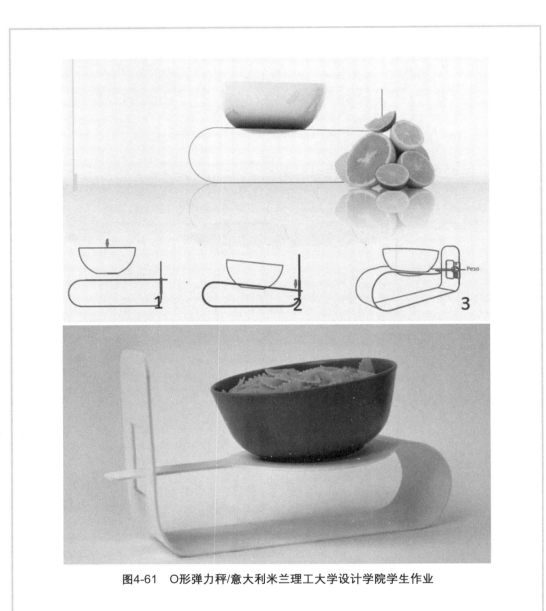

图4-61　O形弹力秤/意大利米兰理工大学设计学院学生作业

▶　彩图4-61　◀

# 折纸秤

## 产品原型展示

折叠过程

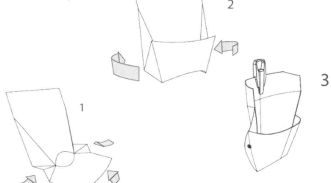

图4-62　折纸秤/意大利米兰理工大学设计学院学生作业

▶　彩图4-62　◀

## 弹力驱动

设计并制作一辆依靠弹力驱动的小车。选择弹性材料作为驱动力。

现场展示作品，并演示和验证，至少能行驶1m。模型尺寸控制在30cm×30cm×30cm内。见图4-63～图4-66。

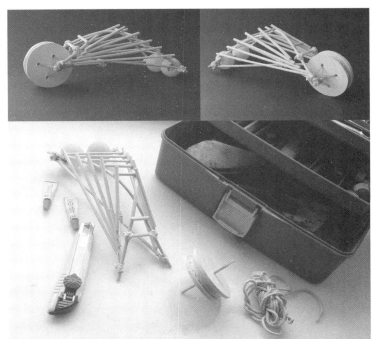

▶ 彩图4-63 ◀

图4-63　弹力驱动/橡皮筋/田冬月、夏彩丽、颜煦、王晓燕、刘玥

图4-64 弹力驱动/钢卷尺/陈韵、张建芬、田丹萍、 李回能

图4-65 弹力驱动/橡皮筋/ 施齐、叶娅妮、沈也、王相洁

图4-66 测试现场

第 **5** 章

# 常用机构

人们通常把具体的机械称为机器，如机床、汽车、飞机等，把机器中的机械运动系统称为机构。从运动学的角度看，机器与机构都是机械；从功能变换的角度看，机构与机器有很大的区别。下面就相关概念作介绍。

# 5.1 机械的几个概念

### 5.1.1 机器、机构、机械

机器具有以下三个特征：一是由多个构件组成；二是各构件之间具有确定的相对运动，能够实现预期的机械运动；三是能够完成有效的机械功（如金属切削机床的切削加工）或进行能量转换（如内燃机把热能转换成机械能）。

具有机器前两个特征的多构件组合体，称为机构。机构是用于传递或转换运动、力或能量的机械装置。机构通常使用连杆和铰链来实现它们的运动。老虎钳就是一种机构，用来传递能量，从使用工具的人的手部通过老虎钳传递到老虎钳的钳齿。由于能量在输入和输出之间是守恒的（忽略摩擦损失），输出力可能远大于输入力，但输出位移远小于输入位移。另一个典型机构的例子是雨伞，其输入位移（将部件沿轴滑动）导致输出运动（打开伞）。机构在我们的生活中无处不在，汽车、运动器材、建筑设备、机器人等，以及几乎所有具有运动部件的东西都是我们研究机构的好例子。

机构是产品设计的核心内容，也是实现产品功能的基础结构装置。机构设计在产品设计过程中是比较复杂、专业要求较高的设计内容之一。在方案设计的早期阶段，需要根据功能要求来构思产品的机构动作方案，明确实现一系列连贯的运动传递关系，进而进行相关的传动机构类型的选择和组合应用。本书着重研究机构在产品设计中的应用，围绕机构原理、特点和应用场景展开，尽量不涉及复杂的计算问题（图5-1）。

▶ 视频5-1 ◀
机构运动

图5-1 机构运动

机构和机器一般统称为机械。构件是机构的运动单元，它可以是单一的整体零件，也可以是由几个零件组成的刚性结构件。物体的机械运动主要包括平动、转动和振动三种基本形式，其中两种或两种以上组成的运动称为复合运动。

### 5.1.2 运动副

两个构件之间直接接触并且能产生一定相对运动的连接形式称为运动副。

运动副有多种分类方法。按照运动副的接触形式分类：面和面接触的运动副在接触部分的压强较低，为低副；而点线接触的运动副称为高副。高副比低副容易磨损。

按照相对运动的形式分类：构成运动副的两个构件之间的相对运动若是平面运动为平面运动副；若为空间运动称为空间运动副；两个构件之间只做相对转动的运动副称为转动副；两个构件之间只做相对移动的运动副称为移动副。

按照接触部分的几何形状分类：可以分为圆柱副、平面与平面副、球面副、螺旋副等。

### 5.1.3 零件、构件、部件

任何机器都是由许多零件组成的。所谓零件，是指其中不可拆卸的每一个最基本的制造单元体。

机械中的零件通常分为两类：一类是通用零件，它们在各种类型的机械中都可能用到，如螺栓、轴、齿轮、弹簧等；另一类是专用零件，只用于某些类型的机械中，如电动机中的转子、叠片，内燃机、蒸汽中的曲轴、活塞等。

构件和零件的区别就在于：构件是运动的单元，而零件是制造的单元。构件可能由多个零件刚性连接而成，也可能是一个单独的零件。

另外，构件和通常所说的部件（或组件）是有区别的。部件是指机器中由若干零件所组成的装配单元体，部件中的零件之间不一定具有刚性连接。把一台机器划分为若干个部件，其目的是有利于设计、制造、运输、安装和维修。

### 5.1.4 机构运动简图

用简单的线条和符号来代表构件和运动副，并按一定比例表示各运动副的相对位置，用以说明机构各构件间相对运动关系的简单图形，称为机构运动简图。机构运动简图是用最简洁的形式表达机械中与运动相关的要素（图5-2）。

| 名称 | 低　副 | | | | 高　副 |
|---|---|---|---|---|---|
| | 转动副 | 移动副 | 螺旋副 | 圆柱副 | 齿轮副 |
| 举例 | 杆件的铰链连接 | 滑块与导槽的连接 | 外螺纹与内螺纹的连接 | 圆柱与圆筒的连接 | 两圆柱直齿轮啮合 |
| 示意图 | 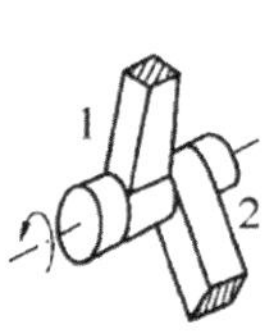 | 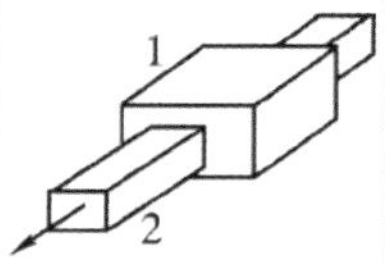 | 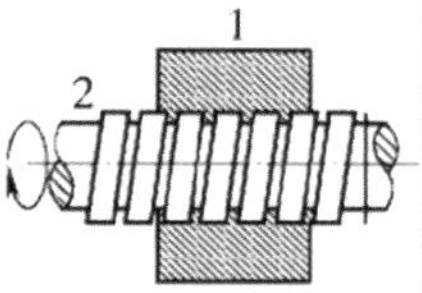 | 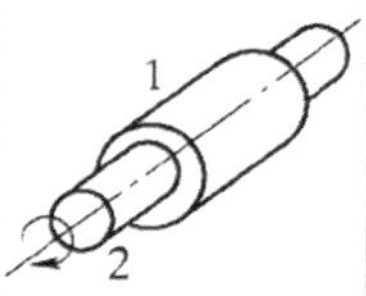 | 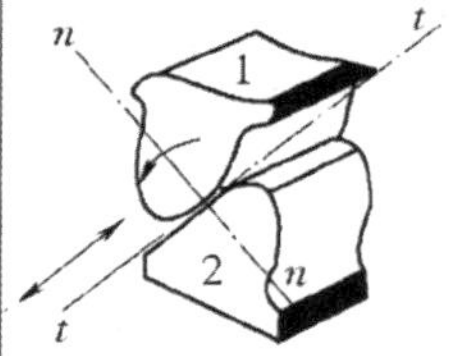 |
| 运动简图符号 | 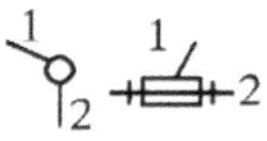 | 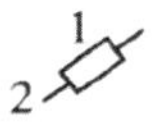 | 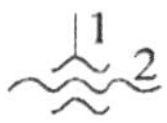 | 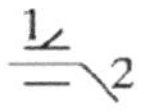 | 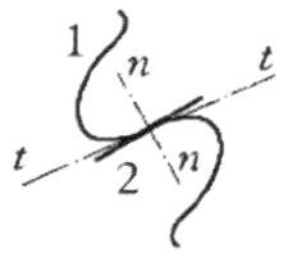 |

图5-2　机构运动简图

# 5.2 常用机构

　　机构的种类繁多，应用范围广泛，为便于选择应用，根据其功能或类型来加以分类是很有必要的。按组成的各构件间相对运动的不同，可分为平面机构（如平面连杆机构、圆柱齿轮机构等）和空间机构（如空间连杆机构、蜗轮蜗杆机构等）；按运动副类别可分为低副机构（如连杆机构等）和高副机构（如凸轮机构等）；按结构特征可分为连杆机构、齿轮机构、斜面机构、棘轮机构等；按所转换的运动或力的特征可分为匀速和非匀速转动机构、直线运动机构、换向机构、间歇运动机构等；按功用可分为安全保险机构、联锁机构、擒纵机构等。

　　本书根据机构的运动类型和结构特征，对工业产品中常用的机构形式进行了分类（图5-3）。完整详细的机构设计资料可以参考《机械设计手册》等相关书籍。

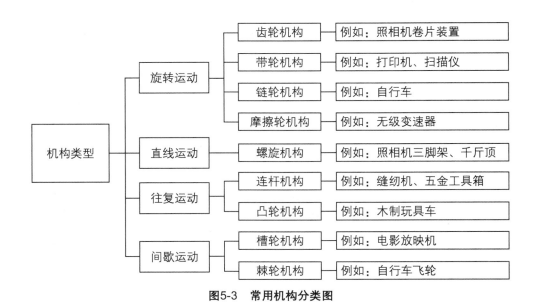

图5-3　常用机构分类图

### 5.2.1 齿轮机构

**（1）概念**

据史料记载，远在公元前400—前200年的中国古代就已开始使用齿轮，作为反映古代科学技术成就的指南车就是以齿轮机构为核心的机械装置。如图5-4所示的修正带就是通过齿轮的相互啮合进行工作的。手放在修正带上，用一定的力，向一个方向划去，带子滑动，带动齿轮转动，齿轮相互摩擦，一个齿轮出带子，一个齿轮收带子。

图5-4　修正带的齿轮传动结构

齿轮的应用非常广泛，是一种用于在两个轴间可靠地传递动力、改变运动速度和旋转方向的传动零件。在工业产品中，钟表、机床、玩具、电动工具和交通工具等都有齿轮的应用。

**（2）分类**

轮齿的齿廓曲线可以制成渐开线、摆线或圆弧，其中渐开线齿廓比较常见。使用渐开线曲线的齿廓易于制造，并且即使齿轮的中心距离稍微有所改变，也能保持平稳的啮合，因此适用于以动力传递为主的几乎所有的齿轮传动。

齿轮轮齿的方向有直齿、斜齿、人字齿或弧形齿。由于用渐开线作为齿廓曲线，不但传动性良好、容易制造，而且便于设计、制造、测量和安装，具有良好的互换性。常见的齿轮传动可以分为下列三种形式（图5-5）：

① 圆柱齿轮：用于两平行轴之间的传动；

② 圆锥齿轮：用于两相交轴之间的传动；

③ 蜗杆蜗轮：用于两交错轴之间的传动。

| 齿轮的传动 | 齿轮的类型 | 传动效率(%) | 示意图 |
|---|---|---|---|
| 平行轴 | 正齿轮 (Spur gears) | 98.0～99.5 | |
| | 斜齿齿轮 (Helical gears) | | |
| | 齿条、斜齿齿条 (Racks, Helical racks) | | |
| | 内齿轮 (Internal gears) | | |
| 相交轴 | 等比伞形齿轮 (Miter gears) | 98.0～99.0 | |
| | 直齿伞形齿轮 (Straight bevel gears) | | |
| | 弧齿伞形齿轮 (Spiral bevel gears) | | |
| 交错轴 | 交错轴斜齿轮 (Screw gears) | 70.0～95.0 | |
| | 蜗杆 (Worms) | 30.0～90.0 | |
| | 蜗轮 (Worm wheels) | | |

**图5-5　齿轮的分类和示意图**

▶ 视频5-2 ◀
齿轮机构

**（3）特点和应用**

齿轮机构是现代机械中应用最广泛的传动机构之一，是一种啮合传动机构。它可以用来传递空间任意两轴之间的运动和动力，具有结构紧凑、传动功率范围大、效率高、传动比准确、使用寿命长、工作安全可靠等特点。其主要缺点是制造和安装精度要求高，价格比较贵，不宜用于两轴间距离较大的场合。

**（4）案例**

如图5-6所示的机巧玩具，是一款具有典型扑翼机构的玩具。鹦鹉的身体部分牢牢地固定在曲柄连杆上。圆柱齿轮与圆盘、曲柄连杆紧紧固定。鹦鹉通过曲柄冲程开始运动。推杆支撑着鹦鹉的翅膀。它们距离翅膀越近，翅膀张开的幅度越大。反之，鹦鹉的翅膀闭合。当曲柄连杆上升或下降的同时，摇臂末端和鹦鹉翅膀下侧之间的距离会发生相应的变化。而控制鹦鹉的翅膀进行扑翼运动的机构，就是机架底部的齿轮传动装置，这个装置用来进行整个机巧玩具的动力传递。

自行车的发明为人们的出行带来了很大便利，变速自行车的出现又进一步提升了人们的骑行体验。第一台齿轮传动的自行车是由詹姆斯·斯塔利（James Starley）在1871年发明的。变速自行车是用脚踏板转动链轮，链轮通过链条带动后轮轴上的飞轮，飞轮再带动自行车的后轮，并靠后轮驱动整个自行车行驶的。普通自行车的脚踏链轮与飞轮的齿数比是固定的，骑车的速度是由双脚蹬车的速度决定的。

变速自行车的前后轮分别安装了多个不同直径的齿轮（图5-7）。从物理学的角度来说，在保持踏板旋转速度不变的情况下，若增大自行车后轮毂上的齿轮直径，后车轮的旋转速度就会慢下来；反之，若减小自行车后轮毂上的齿轮直径，后车轮的旋转速度就会加快。所以从本质上来说，自行车变速原理通过改变前后齿轮的直径来实现不同的尺寸配对，从而改变车速的快慢。

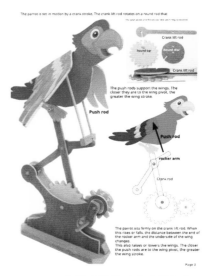

图5-6 应用齿轮传动的扑翼机构

### 5.2.2 带轮机构

#### （1）概念

在两轴间的距离较大的场合，通常使用挠性传动件，如带传动或者链传动。其中，带传动是一种常见的机械传动装置，主要依靠挠性传动带与带轮间的摩擦力来传递运动和动力。

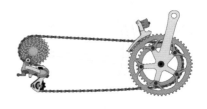

图5-7 自行车的齿轮变速机构

在没有齿轮装置之前的很多古老传动装置中，主要运用带轮传动，如老式水车。在现代传动装置中带轮机构应用也十分广泛。

带轮机构一般由主动轮、从动轮、紧套在两轮上的传动带和机架组成。当主动带轮转动，通过带与带轮之间产生的摩擦力，使从动带轮一起转动，从而实现运动和动力的传递。

#### （2）分类

① 平带传动——带的截面形状是扁宽的矩形，在轴间距离长且不需要精确传动比时使用。带的材料有皮革、棉、橡胶、钢材等。平带传动在力学性能方面不如V形带传动，但平带厚度薄，挠曲性比V形带好。

a. 皮带：富有弹性，摩擦因数大，可以长时间地连续运转。但容易受到温度和相对湿度的影响，价格昂贵。

b. 橡胶带：伸长率小，抗潮湿，但耐热和油等能力弱，尤其是其散热性能差、长时间的连续运转有容易磨损的缺点。

c. 钢带：由轧制的钢板制成，接头用钎焊方法进行连接。抗拉强大度，伸长率小，寿命长。它可以应用于精确的角度传递。

② V形带传动——也称为三角带。V形带具有梯形横截面，是具代表性的带传动装置，这种带能与带轮的V槽紧密接触，滑动小，使用相对小的张力就能够传递大的动力（图5-8）。

③ 多楔带传动——适于传递功率较大，要求机械结构紧凑的场合。

④ 齿形带传动——也称为同步带（图5-9），这种带是在平带的内表面上加工出等间隔的齿，紧套在具有渐开线的带轮上，进行动力传递的。特点是啮合传动，完全没有滑动，运转平稳，可以进行高速传动等。

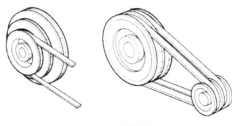 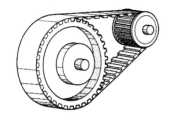

图5-8　V形带传动　　　　图5-9　齿形带传动

**（3）特点和应用**

带轮传动的优点是：带传动属于挠性传动，传动带具有一定的弹性，能缓冲、吸振，使运动平稳无噪声。过载时，传动带会回在带轮上打滑，可防止其他零件因过载而损坏，起到过载保护的作用。适用于两轴中心距较大的传动，结构简单，制造、安装精度要求低，使用维护方便，成本低。

带轮传动的缺点是：带传动受摩擦力和带本身弹性变形的影响，不能保证恒定的传动比。带传动外廓尺寸较大，传动效率低，使用寿命短，对轴的作用力比较大。不宜在易燃易爆的场合工作。

因此，根据带传动的特点，带传动适用于要求传动平稳、传动比不要求准确、中小功率的远距离传动。

**（4）案例**

将带传动机构应用在家居设计中也颇具特色，因为带传动机构使得用户可以在灯具的使用中有着玩游戏一样的体验。如图5-10所示的台灯结构就是在灯架和灯头中间使用了带轮传动机构。灯架上的滑动开关向上滑动将灯头略微向上倾斜，灯具关闭；反向操作，灯具打开。

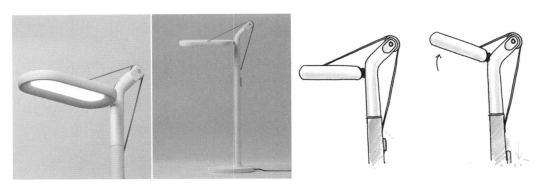

图5-10　台灯/Seongju Kim

### 5.2.3 链轮

**（1）概念**

链轮由主动链轮、从动链轮和中间挠性件链、机架等组成。其工作原理是通过链条的链节与链轮轮齿的啮合来传递运动。日常生活中比较常见的链轮机构是自行车和摩托车。

**（2）分类**

链传动的类型按照用途不同分为传动链、起重链、曳引链等；按照链条结构的不同分为滚子链和齿形链。

滚子链是利用滚子链节和销轴链节交替连接而成（图5-11），最后的连接环当总链环数为偶数时使用销轴链节，为奇数时则使用滚子链节。滚子链在工作时有振动和噪声产生，这是链条在运转过程中由链节伸展引起的。虽然滚子链工作时有振动和噪声，但是因其结构简单、质量较轻、价格低廉，故应用广泛。

齿形链由一系列的齿链板和导板交替装配，且由销轴或组合的铰接元件连接组成（图5-12），相邻节距间为铰连节。齿形链也叫无声链、坦克链，外观像链轨。根据导向的类型可分为：外导式齿形链、内导式齿形链和双内导齿形链。齿形链由多片钢片铆接而成，与链轮啮合更好，入齿时噪声更小，更耐拉抻，可以有效减少链条的噪声，现在越来越多的链条式发动机的正时链条和机油泵链条都采用这种无声链。

▶　视频5-3　◀

链轮

图5-11　滚子链

图5-12　齿形链

**（3）特点和应用**

① 链轮传动结构简单，耐用，维护容易，运用于中心距较大的场合。

② 与带传动相比，链轮传动能保持准确的平均传动比；没有弹性滑动和打滑；需要的张紧力小，对链轮轴的压力小；能在温度较高，有油污等恶劣环境条件下工作。

③ 与齿轮传动相比，链传动的制造和安装精度要求较低，成本低廉，能实现远距离传动；但瞬时速度不均匀，瞬时传动比不恒定，传动平稳性较差，传动中有一定的冲击和噪声。

图5-13　链锯

**（4）案例**

链锯也称油锯，是以汽油机为动力的手提锯，主要用于伐木和造材，其工作原理是靠锯链上交错的L形刀片横向运动来进行剪切动作（图5-13）。

### 5.2.4 摩擦轮机构

**（1）概念**

摩擦轮机构由两个摩擦轮及压紧装置等组成，依靠两摩擦轮接触面间的切向摩擦力传递运动和动力。因此摩擦轮传动难以传递过大的动力，主要应用于仪器传递运动，如收录机中磁带的前进与倒退就是靠摩擦轮传动实现的（图5-14）。

图5-14　摩擦轮

**（2）分类**

根据两摩擦轮轴线相对位置的不同，摩擦轮可分为两轴平行和两轴相交两种类型。

① 两轴平行有圆柱摩擦轮和槽形摩擦轮。

a.圆柱摩擦轮。结构简单，制造方便，压紧力大，分为外接式和内接式。用于小功率传动，如仪表调节装置等。

b.槽形摩擦轮。因带有角度为2β的槽，侧面接触，在同样压紧力的条件下，可以增大切向摩擦力，提高传动功率。但易发热与磨损，传动效率较低，对加工和安装要求较高。适用于绞车驱动装置等机械中。

② 两轴相交有圆锥摩擦轮和端面摩擦轮。

a. 圆锥摩擦轮。设计安装时应保证轴线的相对位置正确，锥顶应重合，分两轴垂直与不垂直两种。常用于大功率摩擦压力机。

b. 端面摩擦轮。结构简单，制造方便，压紧力大；易发热与磨损，效率低；对加工、安装要求高。分圆柱摩擦轮与圆锥摩擦轮两种，用于摩擦压力机等。

**（3）特点和应用**

摩擦轮传动的优点是结构简单、传动平稳、传动比调节方便、过载时尚能产生打滑而避免损坏装置。缺点是摩擦轮的传动比不准确、效率低、磨损较大，而且通常轴上受力大，所以摩擦轮传动机构主要用于传递动力不大或者无级调速的情况。

**（4）案例**

如图5-15所示的摩擦压力机，顾名思义就是靠摩擦力来产生压力，而对工件进行挤压。摩擦压力机利用飞轮和摩擦盘的接触传动，并借助螺杆与螺母的相对运动原理而工作。其在使用上万能性较大，并且有结构简单，安装、操纵及辅助设备简单，价格低廉的优点。

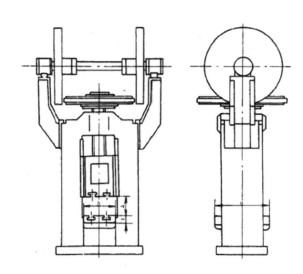

**图5-15　摩擦轮压力机**

### 5.2.5 螺旋机构

**（1）概念**

螺旋机构是利用由螺杆和螺母组成的螺旋副来实现传动要求的。主要用于将回转运动转变为直线运动，同时传递运动和动力的场合。公元前300多年前希腊数学家阿基米德推广螺旋设备用于取水，将水通过螺旋设备从低处运送到高处，人称阿基米德螺旋升水泵。

阿基米德螺旋管主要被应用在灌溉和取水活动中。其结构非常简单，由一个中空长筒加上一个带摇柄螺旋器组成。当人摇动手柄，河中的水便会进入管子。螺杆每转动一周，水向前推进一个螺距，从而降低古人从河中取水的劳动强度，大大提升了工作的效率（图5-16）。

具有螺旋副的传动机构被称为螺旋机构，通常由螺杆、螺母和机架组成（图5-17）。通常将旋转运动转换为直线运动。在一定条件下（当导程角大于当量摩擦角时），还可以将直线运动转换为旋转运动。

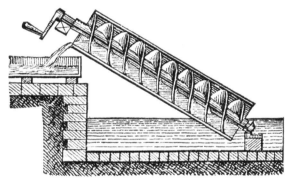

图5-16　阿基米德螺旋管

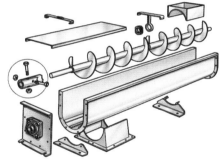

图5-17　螺旋机构分解图

**（2）分类**

螺旋机构按使用要求不同可分为传力螺旋机构和传导螺旋机构。传力螺旋机构以传递动力为主，要求以较小的转矩产生较大的轴向推力，工作时速度较低，例如螺旋千斤顶。传导螺旋机构以传递运动为主，并要求具有较高的运动精度，如机床的进给机构。

**（3）特点和应用**

螺旋机构具有结构简单、易于制造、传递推力大、传动准确、工作平衡、无噪声、易于自锁等特点，但其工作时滑动摩擦大、磨损快、机械效率较低。因此，螺旋机构常用于起重机、压力机以及功率不大的进给系统和微调装置中。

**（4）案例**

图如5-18是一款简约设计风格的边几，用户可以根据使用需要随意移动，可以将它放置在沙发边、床边或者是走廊里。该设计由三个独立的元素组成，一个单线腿和一个桌面，通过一个简单的螺旋机构固定在一起。

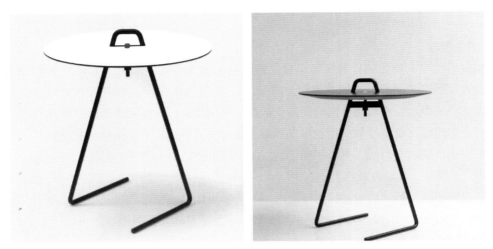

**图5-18 边几/MOEBE Design Studio**

### 5.2.6 连杆机构

**（1）概念**

连杆机构又称低副机构，是机械组成部分中的一类，指由若干（两个以上）有确定相对运动的构件用低副（转动副或移动副）连接组成的机构。

连杆机构中比较常见的是平面连杆机构。它是刚性构件在同一平面或相互平行平面内运动的机构。其中最常见的平面连杆机构是具有四个构件（包括机架）的机构，称为四杆机构（图5-19）。其应用广泛，折叠伞、汽车的雨刮器、脚踏式缝纫机、道闸等主体构造就是连杆机构（图5-20）。

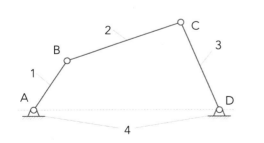

**图5-19 连杆机构示意图**
1、3—连架杆，2—连杆；4—机架

**图5-20 折叠伞的连杆机构**

**（2）分类**

连杆机构按各构件之间相对运动的性质不同，可分为空间连杆机构和平面连杆机构。平面连杆机构的形式很多，其中结构简单、应用广泛的是由四个构件组成的平面四杆机构。平面四杆机构的构件数目最少，且能转换运动。多于四杆的平面连杆机构称多杆机构，它能实现一些复杂的运动，但连杆多且稳定性差。根据连杆架的运动形式，铰链四杆机构可以分为曲柄摇杆机构、双曲柄机构和双摇杆机构。

**（3）特点和应用**

平面连杆机构的主要优点是：能够进行多种运动形式的转换；构件一般由铰链低副连接，为面接触，压强低，磨损量少，便于润滑，使用寿命较长，而且构成运动副的表面为圆柱面或平面，制造方便。由于这类机构容易实现常见的转动、移动及其转换，所以获得广泛应用。

其缺点是：由于低副中存在着间隙，机构将不可避免地产生运动误差，另外，平面连杆机构不易精确地实现复杂的运动规律。

和平面连杆机构相比，空间机构具有机构紧凑、运动灵活多样的特点，但空间机构的分析与综合要比平面机构复杂和困难得多。

**（4）案例**

荷兰有一家工作室推出的HORTUS BIONICA系列设计，装置模仿自然有机体中的形态和动作。其中模拟植物花朵绽放的结构就利用到了连杆结构。折叠伞的伞架是由一个移动副和多个转动副组成的平面连杆机构（图5-21）。

▶ 视频5-4 ◀
HORTUS BIONICA
系列设计

**图5-21　模仿有机形态和动作的装置设计**

## 5.2.7　凸轮机构

**（1）概念**

凸轮机构由凸轮、从动件和机架组成，属于高副机构，易磨损，广泛应用于传递动力不大的各种机器和机构中。凸轮机构结构较简单，可以将主动件凸轮的等速连续转动变换为从动件的往复直线运动或绕某定点的摆动，并依靠凸轮轮廓曲线准确地实现所要求的运动规律。

### （2）分类

按凸轮的形状分类：

① 盘形凸轮机构，也叫平板凸轮，是凸轮的最基本形式。这种凸轮是一个绕固定轴转动且有变化半径的盘形零件，凸轮与从动件互作平面运动，是平面凸轮机构（图5-22）。

② 移动凸轮机构。当盘形凸轮的径向尺寸变得无穷大时，其转轴也将在无穷远处，这时凸轮将作直线移动，通常称这种凸轮为移动凸轮机构，从动件与凸轮轮廓相接触，从而能实现较复杂的运动，但因尖顶极易磨损，故只适用于轻载、低速的凸轮机构和仪表中。

③ 圆柱凸轮。这种凸轮可看成是将移动凸轮卷成圆柱体而得到的凸轮，从动件与凸轮之间的相对运动为空间运动，因此圆柱凸轮机构是一个空间凸轮机构。

④ 曲面凸轮。当圆柱表面用圆弧面代替时，就演化成曲面凸轮，它也是一种空间凸轮机构。

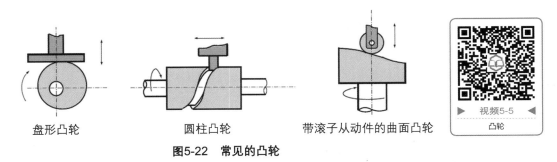

盘形凸轮　　　　　圆柱凸轮　　　　带滚子从动件的曲面凸轮

▶ 视频5-5 ◀

凸轮

图5-22　常见的凸轮

按从动形状分类（图5-23）：

① 尖底从动件。尖底从动件能与任意复杂的凸轮轮廓保持接触，因而能使从动件实现任意的运动规律。其构造简单，使用时磨损快，多用于受力不大的低速凸轮机构中。

② 滚子从动件。在从动件的一端装有一个可自由转动的滚子。由于滚子与凸轮轮廓之间为滚动摩擦，故磨损较小，改善了工作条件。因此，可用来传递较大的动力，应用也最

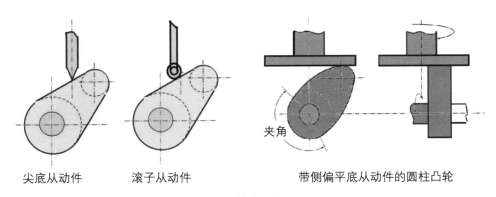

尖底从动件　　　　滚子从动件　　　带侧偏平底从动件的圆柱凸轮

夹角

图5-23　凸轮的分类

广泛。

③ 平底从动件。从动件一端做成平底（即平面），在凸轮轮廓与从动件底面之间易于形成油膜，故润滑条件较好、磨损小。当不计摩擦时，凸轮对从动件的作用力始终与平底垂直，传力性能较好，传动效率较高，所以常用于高速凸轮机构中。但由于从动件为一平底，故不适用于带有内凹轮廓的凸轮机构。

### （3）特点及应用

只要正确地设计凸轮轮廓曲线，就可以使从动件实现任意给定的运动规律，且结构简单、紧凑、工作可靠。缺点是凸轮与从动件之间为点或线接触，不易润滑，容易磨损。因此，凸轮机构多用于传力不大的控制机构和调节机构。

### （4）案例

凸轮机构经常被应用在机巧装置的设计之中，可以通过凸轮机构的传动，实现机巧装置中多种运动方式的表达。如图5-24所示，通过变化多样的凸轮外形设计，可实现多种功能，完成两个运动传动链之间的自动切换，带动玩具动作摆动、移动或者旋转等。

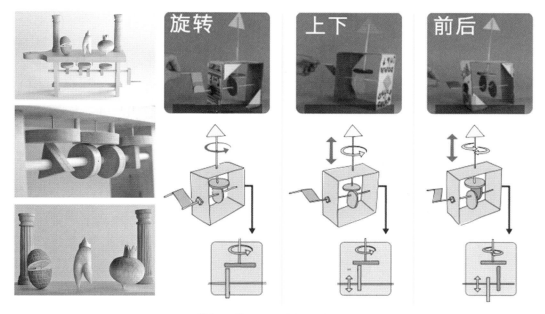

**图5-24　凸轮机巧装置——哈姆雷特/原田和明/日本**

演技不好的演员在日本被称为萝卜演员；在英语国家，被称为火腿演员；在法国，他被称为萝卜演员。在这个名为"哈姆雷特"的自动操作装置中，来自这三个国家的主要演员将举办一场梦想大赛。

### 5.2.8 槽轮机构

**（1）概念**

槽轮机构是一种最常见的间歇运动机构，又称为马耳他机构、日内瓦机构。槽轮机构一般由主动拨盘、从动槽轮和机架组成（图5-25）。常被用来将主动件的连续转动转换成从动件的带有停歇的单向周期性转动。槽轮机构一般用于转速不很高的自动机械、轻工机械或仪器仪表中。例如电影放映机的松片机构、长图记录仪的打印机构等。

▶ 视频5-6 ◀    ▶ 视频5-7 ◀
槽轮机构        内槽轮

图5-25　槽轮机构

**（2）分类**

槽轮机构有外啮合和内啮合以及球面槽轮等。外啮合槽轮机构的槽轮和转臂转向相反，而内啮合则相同，球面槽轮可在两相交轴之间进行间歇传动。

**（3）特点和应用**

槽轮机构的优点是结构简单，易于制造，工作可靠，机械效率也较高，具有分度和定位的功能；与棘轮机构相比，工作平稳性较好。缺点是槽轮在起、停时的加速度大，有冲击，并随着转速的增加或槽轮槽数的减少而加剧，故不适宜用于高速运转的机构，多用来实现不需要经常调节转位角度的转位运动。

**（4）案例**

如图5-26所示是一把用于测量曲线的便携尺。在测量难以用直尺或卷尺直接测量的曲线或形状奇特的表面时，此工具非常方便。槽轮机构构成了这把便携尺的计数器部分，是测量轮的一种常见形式。

图5-26　便携式曲线测量尺/ MechEngineerMike

### 5.2.9 棘轮机构

**（1）概念**

棘轮机构是一种单向间歇运动机构，由看似齿轮的棘轮和棘爪所组成。常见的棘轮机构的基本结构如图5-27所示。当主动摆杆作往复摆动时，从动棘轮做单向间歇转动。棘轮机构的主要作用是将连续转动或者往复运动转换成单向步进运动。

视频5-8
棘轮机构

**图5-27　棘轮机构**

**（2）分类**

棘轮机构按照结构形式可以分为齿式棘轮机构和摩擦式棘轮机构；按啮合方式分为外啮合棘轮机构和内啮合棘轮机构；按从动件运动形式分为单动式棘轮机构、双动式棘轮机构和双向式棘轮机构。

**（3）特点和应用**

齿式棘轮机构结构简单，易于制造，运动可靠，从动棘轮转角容易实现有级调整，但棘爪在齿面滑过会引起噪声与冲击，在高速时尤为严重。故常于低速、轻载的场合用作间歇运动控制。

摩擦式棘轮机构传递运动较平稳，无噪声，从动件的转角可作无级调整。但摩擦式棘轮机构难以避免出现打滑现象，因而运动准确性较差，不适合用于精确传递运动的场合。

**（4）案例**

棘轮机构的主要作用是将连续转动或者往复运动转换成单向步进运动。所以在很多的工具设计中，都有棘轮机构应用的身影，比如各种机床的间歇机构、千斤顶，以及日常生活中会用到的棘轮扳手、棘轮剪等。图5-28是一款棘轮剪刀，它的原理非常简单，就是棘轮结构越压越紧，用单向操作的力就可以剪断枝条。

机构学奠定了机械工程、控制工程等多门学科的理论基础。机构学的研究主要有两个方面：一是对已有机构的研究，即机构分析，其中包括运动分析、动力分析和结构分析；

**图5-28　使用棘轮剪进行修枝**

二是按照一定的要求设计新的机构，即机构综合。20世纪中后期，现代机构研究和机器人发展的迅速崛起，使机器人日渐发展成为一门成熟的学科。由于现代机构的计算机辅助设计和优化设计的发展，解析法在机械设计和分析中的应用也越来越广泛，对机构的分析也越来越精确，涵盖的面也越来越广，各种新机构、新的研究方法也层出不穷。机构的创新有多种方式，可以从现有机构中挖掘出具有新特性、新功能的机构，也可以对现有机构组成的各个元素进行各种性质的改变或变换，从而形成一种功能不同的机构。

课题
研究

## 机构教具

世界政治经济贸易的变化促进了国内教育改革，小学、中学和大学教学要注重工程教育，以提高学生的工程意识和能力。机构在工程和产品设计中占有重要位置，也是工程教学的重要内容。本课题设计主题是为小学、中学和大学设计一套常用机构的教学用具。

以3～5人小组为单位，通过资料和实验室调研，确定设计定位。如小学机构教具在造型上更接近玩具，让学生在把玩中理解机构原理，其中安全性、耐摔、收纳和玩具等是设计的重要因素；而大学的机构教具更注重专业性，以及在实验室的陈列方式等。

一套教具要注意整体风格、材料的统一。

每个小组设计一套常用机构教具（8～10件/套）。作业要求：草图、计算机建模、实物模型、版面，并要拍摄视频。

模型材料：木材、PVC模型板、亚克力板、3D打印等（图5-29）。

**图5-29　机构教具/PVC模型板/吴立立**

视频5-9
机构教具

# 5.3 柔顺机构

### 5.3.1 柔顺机构概述

机构是用来进行运动、力或者能量传递和转换的机械装置。随着机构学技术的发展，为了达到微型化、轻量化的加工要求，产生了一类新型的机构类型——柔顺机构。1968年，布恩斯（Buens）提出了柔顺机构的概念，并在其博士论文中规范了柔顺机构的概念。

如果物体能够按照预定的方式弯曲，则可认为它是柔顺的。如果物体所具有的弯曲柔性可以帮助完成某项任务，则可以称它为柔顺机构。自然界中绝大多数的可动物体都是柔顺的,如大象的鼻子、响尾蛇的尾巴、人类的脊柱等,都是柔顺机构的代表(图5-30)。我们能否从自然界中得到启示,将柔顺结构应用在产品设计中呢?

柔顺机构又称柔性机构,是利用构件的弹性变形来传递或转换运动、力或能量。一般是指通过其部分或者全部具有柔性的构件变形而产生位移、传递动力的机械机构。与刚性机构不同,柔顺机构不仅由运动副传递运动,还从其柔性部件的变形中获得一部分运动,如弹簧就是一种被广泛应用的柔顺机构。在合适的情况下,采用柔顺机构,可以减少零件数量,降低成本,缩小体积,提高可靠性。

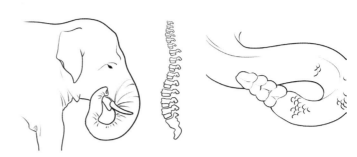

(a)大象的鼻子　(b)人类的脊柱　(c)响尾蛇的尾巴
**图5-30　自然界中柔顺的例子/绘制:王冬雨**

(a)刚性钳子　　　　　(b)柔性钳子
**图5-31　传统刚性机构和柔顺机构对照**

柔顺机构有部分柔顺机构和全柔顺机构之分,其中全柔顺机构又分为具有集中柔度的全柔顺机构和具有分布柔度的全柔顺机构。传统刚性机构和典型的柔顺机构对照见图5-31。

### 5.3.2　柔顺机构的特点

与传统刚性机构相比,柔顺机构有许多潜在优势。其优越性主要表现在三个方面。

第一,制造的简化。与传统刚性机构相比,柔顺机构生产成本低,减少装配时间,简化制造过程。目前,很多柔顺机构可以通过3D打印技术直接获得,可以进行单件加工。还有的可以通过注塑整体成型,大大减少了生产的成本和装配所需要的人工和时间。

第二,性能的提升。柔顺机构可以提高机构的运动学和动力学性能,提高运动精度,从而提升可靠性;而且由于减少磨损,减小、甚至是消除了装配间隙,从而带来了高精度、无磨损、免润滑等优点,因此便于运输,适用于对重量敏感的应用场合(如航天器、军工等领域)。柔顺机构不像刚性铰链那样需要润滑,这一特性对许多应用场合和环境都非常有利。

第三,重量轻,易于小型化。因此柔顺机构在微机电系统产品装配、生物工程显微操作、医学和航天航空等领域得到了广泛的应用。如图5-32所示的柔顺机构的开关设计，使用一块塑料就能达到一般要用弹簧、铰链以及许多刚性塑料件组合使用的效果。

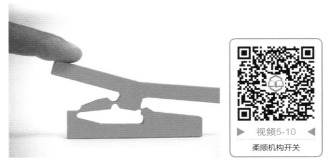

▶ 视频5-10 ◀
柔顺机构开关

**图5-32　柔顺机构开关**

柔顺机构应用在民用产品设计中，也受到了广泛的青睐。图5-33所示是一款来自法国一家公司的衣夹产品设计。这款衣夹是一款采用了柔顺结构的一体式衣夹，应用注塑生产加工工艺，一体式整体成型。在生产过程中无须额外装配，也不需要像普通的传统衣夹一样使用金属弹簧，单一材料非常适合材料的回收再利用。

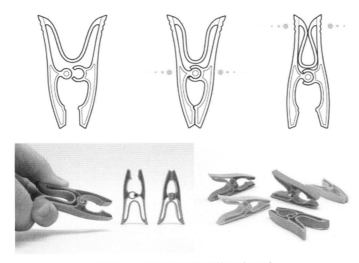

**图5-33　采用柔顺机构的衣夹设计**

### 5.3.3　柔顺机构的分类

柔顺机构主要有以下两种类型。

① 以柔顺铰链为主要特征。依靠机构中柔性铰链中间较为薄弱的部分在力矩作用下产生较明显的弹性角变形来完成运动或力的传递和转换。主要用于精密测量仪器，如陀螺仪、加速度记录仪等。

② 以柔顺杆为主要特征。依靠机构中较薄的柔顺杆的弹性变形来进行运动或力的传递和转换，主要用于轻型化机构。

### 5.3.4 柔顺机构的应用

从20世纪80年代后期开始，柔顺机构引起了各国机械科学家和工程师的高度重视。美国杨百翰大学机械工程系的豪厄尔（Howell）教授被认为是现代柔顺机构研究的重要奠基人之一，他一直致力于柔顺机构的研究，并将柔顺机构应用于折纸衍生机构、微机电系统、医疗设备以及空间机构等领域。我们在日常生活中使用的诸多产品都是柔顺机构应用的例子，如背包的插扣、洗发水的瓶盖和指甲钳（图5-34）。

图5-34　日常生活中常见的柔顺机构

# 5.4 可展开机构

### 5.4.1 可展开机构概述

可展开机构是指具有展开和收拢两种几何状态的机构，是传统机构学的一个研究前沿。不同于传统的机构，可展开机构属于机构与结构的交叉领域，是机构和结构的综合体。可展开机构是一种可以自动展开，以增大外形尺寸的机构，此类机构能产生较大的几何形状变化，所以可在运输时被折叠、使用时被展开。在航天、民用等机械工程领域，它也被称为可伸缩或可折叠结构。

2004年，查克·霍伯曼（Chuck Hoberman）将可展开机构定义为：通过在一个或多个点施加力，以流动和受控的方式转变形态，同时具有稳定、坚固、耐用性能的结构。2015年，艾斯特·阿德罗威尔（Esther Adrover）将可展开机构定位为：由于几何、材料和机械特性膨胀或收缩的结构为可展开机构。

英国巴斯大学的文森特（Julian F.V. Vincent）教授在他的著作《可展结构》（*Deployable Structure*）一书的第二章"自然界的可展结构"中提出自然界中的生物大都是以可展开状态存在的。如图5-35所示，栀子花的展开和收拢状态就是自然界中可展开机构的一个例子。

图5-35　栀子花的打开和收拢状态/绘制：王冬雨

可展开机构在日常生活中也并不少见，如日常使用的雨伞、卷帘、折叠椅等。在航天领域，卫星天线在发射状态下处于折叠状态，进入轨道后展开，其长时间的折叠储存状态、低温工作环境和发射振动对机构展开的可靠性提出要求。在医疗领域，治疗器在折叠状态下被运至病灶区后展开。可展开机构是一种新型的工程结构，其折叠、展开自如的能力展现了一个崭新的应用前景。

### 5.4.2 可展开机构的分类

可展开机构的形式多种多样，而且包含的内容也很多，经过几十年的研究，许多国家在空间可展开机构方面已经取得了长足的进步，并已经有了许多成功应用的先例。可展开机构可以分为以下几种类型：张拉机构、卷曲可展机构、平面放缩机构、X形可展机构。

#### （1）张拉机构（图5-36）

张拉机构的定义，学术界至今并没有统一。虽然各个定义的表述有所不同，但大体上一致。张拉结构的概念是由美国著名建筑师富勒（Richard Buckminster Fuller）和雕塑家思尼尔森（Kenneth Snelson）提出的。广义的张拉结构指任何由索和支架构成的，有预应力施加给索的结构。在佩莱格里诺主编的《可展开结构》一书中，定义为，"张拉机构为通过自应力状态刚化的空间网格系统。其单元是几何尺寸相似的直线单元。作为压缩单元的杆件构成一个连续集合。每个节点至少连接一个杆和三根绳索。拉伸单元在压缩时没有刚度"。张拉机构的英文表述——Tensegrity是"Tensile"（张力的）和"Integrity"（正直、完整）两个单词的一个合成词。

图5-36　X型张拉概念模型

### （2）卷曲可展机构

卷曲可展机构也被叫作卷曲展开机构，形式比较多样，在比较常见的吹吹卷、啪啪圈等玩具上都可以看到卷曲可展机构的身影（图5-37）。顾名思义，卷曲可展机构有两种典型的存在状态，一种是卷曲成小体积、小形态的状态，另一种是机构展开为大体积、大形态的状态。

视频5-11
卷曲可展机构

图5-37　卷曲可展机构——吹吹卷

卷曲可展设计不但可以植入多种多样的功能，还可以赋予空间以"生命"。在英国伦敦有一座有意思的桥，叫作翻滚桥（图5-38）。这座步行桥虽小，但名气却很大，当有船只路过这里时，翻滚桥就会自动收缩给船只让道，其展开就是一道钢结构的人行桥。翻滚桥有可伸展的八段结构，整体长12m，栏杆上采用了八根液压油缸，当翻滚桥收起八段结构，直到首尾两端相接时，就完成了收缩工作。

图5-38　伦敦翻滚桥/赫斯维克建筑工作室设计/英国

　　这座桥的设计师是英国著名设计师托马斯·赫斯维克（Thomas Heatherwick）。运用卷曲可展设计的机构，实现了整座桥可伸展可收缩，达到了艺术、机械和结构三者的精妙平衡（图5-39）。

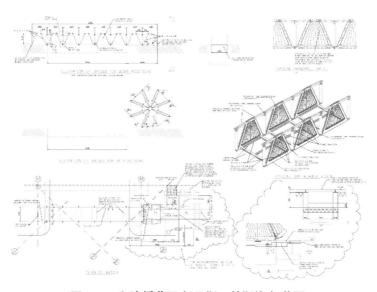

**图5-39　翻滚桥草图/托马斯·赫斯维克/英国**

### （3）平面放缩机构

　　平面放缩机构，也叫作可收缩平面结构，是一种单自由度的结构，展开后在机构中间会形成一个空洞，在展开过程中，零件之间不会相互干扰。图5-40是两组平面放缩机构的亚

▶ 视频5-12 ◀
光圈的机械原理（1）

**图5-40　平面放缩机构模型**

克力材料模型。该模型由两个黄色和蓝色的亚克力板制成。当黄色和蓝色板在完全闭合的配置中重叠时，会出现绿色阴影。当机构零件扩展时，中间会形成一个圆形的开口区域。

　　佛山科学馆有一个展示老式机械相机光圈开合原理的平面放缩机构模型，由16个光圈瓣、16个连杆、1个驱动轮等零件组成，通过驱动轮的旋转来带动光圈的开合（图5-41）。如图5-42所示是由英国北约克郡的一家设计机构设计的能自动扩展的神奇圆桌。

图5-41　光圈的机械原理

视频5-13
光圈的机械原理（2）

### （4）X形可展机构（剪式机构）

　　最常见的X形可展机构就是剪刀，以及玩具霍伯曼球。这种机构主要由剪式单元结构组合而成。平面剪式单元由两个杆件通过销钉或者连接轴，连接成剪刀状态。空间剪式单元是将三个或三个以上的平面剪式单元进行串联，相邻的剪式单元利用铰链进行连接即可。X形可展机构具有可展性能好、安装方便、结构稳定等优点。

　　著名的霍伯曼球以设计师查克·霍伯曼的名字命名（图5-43）。作为一款五颜六色的塑料玩具，其特点是灵活更改形状与大小。霍伯曼球的诞生是为了解决一个工业难题，当时需要制作出一颗可以改变大小的圆球，而经过数次尝试，首枚霍伯曼球诞生。它是一枚重320kg的铝制装饰球，自1992年起就悬挂在新泽西自由科学中心。

图5-42　圆桌/Nick Dearden/英国

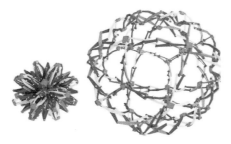

视频5-14
霍伯曼球

图5-43　霍伯曼球

霍伯曼球是怎么做到伸缩自如地进行变形的呢？实际上，霍伯曼球的结构与我们日常使用的剪刀结构是一样的。简单来讲，可以把霍伯曼球的各个连接处看作是一把小剪刀，它们在各自的轨迹上运动，从而改变角度、形状、位置。

# 5.5 折纸机构

### 5.5.1 刚性折叠与刚性折纸

折纸是传统的东方艺术，在机构研究领域受到很多学者的关注，而且是目前机构设计领域较为前沿的研究方向。折纸机构是将折痕视为铰链，连接板视为杆件，从而衍生出来的一类机构。从19世纪开始，折纸艺术与自然科学进行了结合，成为教育研究和科学研究的工具。折纸机构是一种重要的构造形式，更是一种具有普遍意义和作用的创新方法。

折纸机构有两个较为显著的特性：结构合理性和形状可变性。折纸可以很容易地将本来柔软的纸材变成拥有一定刚度的结构，这一点奠定了其应用于结构领域的基础。通过奇思妙想，将折纸的思想运用到折叠结构中，实现结构的折叠与展开，对于人类的科技发展和进步具有重要意义。

图5-44所展示的是一款折叠式防弹盾牌，它是美国杨百翰大学机械工程学教授研发的一款轻型、可折叠的防弹盾牌。将传统的折纸机构和现代科技材料进行结合，在5s内就可以完成组装。

为了解决防暴警察负担过重这一问题。对于那些随时需要冲到第一线搏杀的防暴警察来说，减轻装备重量尤为重要。防暴警察除了常规装备之外，往往需要配备各式盾牌、头

视频5-15
可折叠盾牌

**图5-44　可折叠盾牌**

盔、手臂防护组以及身着具备防火功能的镇暴套装等。这款折叠防弹盾牌符合这种要求，不仅非常轻巧便携，还可以直接塞进普通警车的后备厢里，拿出来瞬间就可以使用。

防弹盾牌与传统的防弹盾牌相比，它的重量更轻，只有25kg。这款产品独特的折纸机构，较之传统产品可以为更多人提供保护。其表面独特的结构决定了它不仅可以应对正前方的攻击，还能兼顾到两侧。这种盾牌使用的材料采用的是一种具有极强防弹能力的高强度人造纤维——凯夫拉尔纤维。这种纤维为12层。纤维中间由铝芯连接，强度是钢铁的5倍，能有效吸收动能冲击力，提供完美的防护（图5-45）。

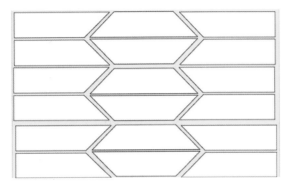 

**图5-45　防弹盾牌的折纸结构**

如图5-46所示，食人花折纸单元可以用来设计手术专用镊子等精密工具。手术镊子工具既可以用于常规手术，也可以用于精密复杂的微创手术，其优势在于减少了生产零件，便于组装，易于杀菌等。

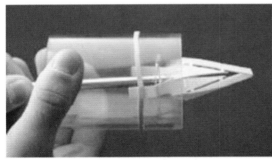 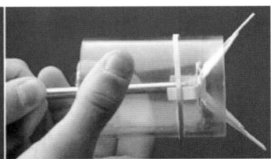

**图5-46　基于食人花折纸单元设计的手术镊子**

当结构从初始构型转变为另一种构型时，其连接边的运动仅包括平动或转动，此时的折叠为刚性折叠。刚性折纸是指某折纸单元形成的结构在其展开和收缩过程中均为刚性折叠。

刚性折纸由山折、谷折、面体三个元素构成，是一类特殊的折纸结构。这种折纸沿着预定的折痕折叠，通过山折与谷折的相互作用完成不同的折展运动（图5-47）。在这个过程中，变形的只有折痕区域，而其他部位不发生扭曲或拉伸等变形。小时候玩的东南西北折纸就是典型的刚性折纸。

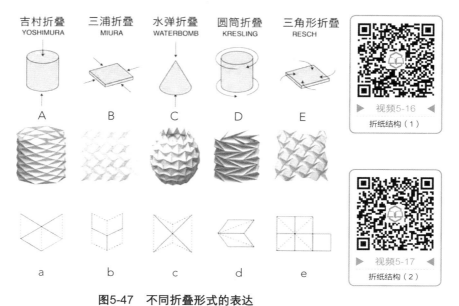

**图5-47　不同折叠形式的表达**

a和A为Yoshimura-ori，b和B为Miura-ori，c和C为
Waterbomb-ori，d和D为Kresling-ori，e和E为Resch4-ori

### 5.5.2　三浦折叠

折纸中，有很多典型的折叠机构，其中最具有里程碑意义的是由日本学东京大学构造工学名誉教授三浦公亮发明的"三浦折叠"机构（图5-48）。三浦折叠与地图折叠相类似，但三浦折叠机构的两相邻的折痕之间有一夹角$\alpha$，当$\alpha=90°$时，即地图折叠。三浦折叠机构是由一系列平行四边形单元横向和纵向密铺得到的。该机构易于折叠且收拢体积小，已被应用于航天卫星上，用于太阳能板的展开与收拢。

在三浦折叠发明前，卫星天线普遍采用四叠或者八叠法。这种折叠方法在运作时需要繁复的工序，而且比较浪费空间，容易损耗，需要频繁维护和保养。三浦公亮致力于发明一种能解决上述问题的方法，结果，他发现椭圆筒表面的褶皱构造既有利节省空间，又能避免损耗，而且强度高。他最终发明了"拉开对角两端来把物品展开，收缩时则反向推入"的折叠方法。

对三浦折叠的折痕图进行观察，首先可以看到每个小格都由两条凸起的折痕（山折）

（a）　　　　　　　　　　　　　（b）

图5-48　三浦折叠图纸及其展开过程

和两条凹进的折痕（谷折）构成，而且每个顶点连接的四个平面图形都关于顶点对称；再观察折痕图的横线，是相互平行的直线（先不管是谷折虚线还是峰折点划线）；然后再看纵线，是相互平行的折线，但是注意，每一条纵线的折向都是相同的（谷折或峰折），且谷折、峰折是间隔的。仔细观察这个折纸上的纹路，会发现它是由一个个平行四边形构成的。而且在垂直方向上，相邻的2个平行四边形恰好是各自的镜像。另外，除了纸张的4个角是直角以外，三浦折叠里并没有直角。因为没有直角的折纹可以让折叠后的材料更耐用（图5-49）。

三浦折叠属于刚性折纸，也就是说在折叠的过程中，每个小平行四边形都没有变形扭曲，而保存了平面的几何形状。因此，三浦折叠非常适合那些刚性的材料，如太阳能板。如今这种折叠方法被广泛用于各种生产领域，甚至包括轮胎的胎纹设计。如图5-50所示，汉城国立大学、哈佛大学和韩泰轮胎技术有限公司旗下的一组研究人员一起合作，已经开发出一种基于折纸设计的轮胎，该设计可以在车辆行驶时改变轮胎的形状。折纸机构还可以用于医疗卫生行业当中，如牛津大学发明了一种人造血管支架，完全折

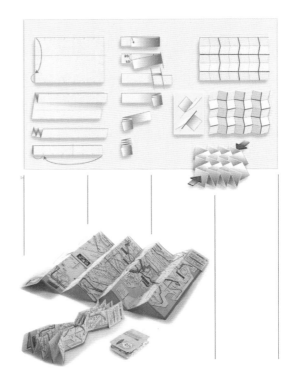

图5-49　采用三浦折叠制作的地图

叠时体积可以减小到放入血管中，到达一定位置后展开成一段人造血管。

虽然三浦折叠是在最近几年才发明的，但大自然中早就具有类似的折叠结构——叶子折叠。叶子折叠在日语中称为"Ha-ori"或"折叶"，可以很容易地理解为叶子生长过程中的折叠和

图5-50　折叠轮胎

视频5-19
折纸结构的太阳能
电池板

展开机制。一个突出的例子是欧洲鹅耳枥的叶芽，出芽前，鹅耳枥的叶子被紧紧地包裹和折叠起来，出芽时叶子会膨胀，形成一个宽阔的平面结构（图5-51）。

图5-51　鹅耳枥和山毛榉的叶片折叠

视频5-20
折纸扭转塔结构启发
的机械手

视频5-21
折纸机械手抓取鸡蛋

视频5-22
折纸机械手抓取布料

### 5.5.3　地图折叠

在没有数字导航的时代，地图通常都是很大的一张纸。地图非常有用，麻烦的是当我们完成查图之后，把地图重新折好从来不是一件容易的事。为了将地图折回长方形以放回口袋，需要很仔细地沿着直线一片一片地折好。实际上，地图折叠是一个非常复杂的机构问题。其折叠方法大有学问。采取何种折叠方法，要看地图表现内容、开本大小和目标用户群体，也要关注地图所承载的信息内容展示和使用者携带、使用方便与否等诸多细节问题。

#### （1）信纸折叠

地图折叠机构有很多，普通人拿到一张薄片纸张，下意识里最常想到的折叠结构就是

对折—再对折—再对折，依据纸张的大小以此类推。这样的折叠方式被称为信纸折叠。

**（2）风琴折叠**

对于长条形的地图，我们还可以采用手风琴式的往复折叠方法。这种方法的好处是可以直接展开查阅，使用后可以线性收拢。缺点是因为载体必须是长条形，对印刷和查看过程都不太友好（图5-52）。

图5-52　手风琴式地图折叠

美国物理学家罗伯特·J.朗（Robert J. Lang）是当今最有影响力的折纸艺术家和理论家之一。他不仅撰写了许多有关折叠策略的出版物，还将折纸实际应用到工程中。

**（3）经典地图折叠**

这种方法经常被用来折叠地图，所以被特殊地称为地图折叠。其具体操作方法：首先将长方形的纸张沿着宽度方向折叠成类似于手风琴状。然后将得到的新的多层折叠体再沿着高度方向折叠成类似于手风琴状（图5-53）。

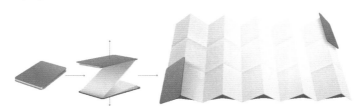

图5-53　典型的地图折叠一

此类地图折叠时，如果纵向只折叠一次，将得到图5-54所示的效果。

图5-54　典型的地图折叠二

就纸张折叠收拢体的打开过程而言，地图折叠方法和三浦折叠方法的根本区别是，前者是顺序展开，而后者是同步展开。三浦折叠的展开过程对应于一个单自由度的系统，而地图折叠的展开方案则对应于一个多自由度的系统（图5-55）。

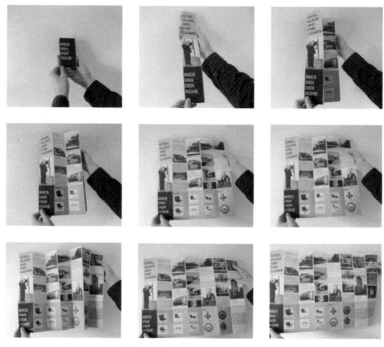

**图5-55 地图折叠制作步骤**

### （4）异形折叠

除了扁平化的地图折叠方式，还有很多关于地图折叠的异形折叠结构。例如图5-56所展示的是一款放大折叠方式的地图。

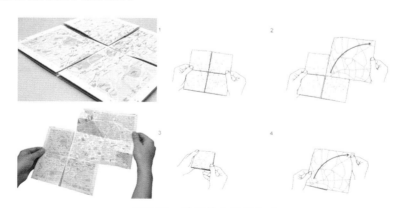

**图5-56 地图放大折叠方式**

## 5.5.4 围绕中心体缠绕的折叠

与地图折叠和三浦折叠不同，围绕中心体缠绕的折叠不属于刚性折叠的范畴，在折叠过程中折痕链接的平面会发生旋转和扭曲，从而形成紧实包裹的结构。如图5-57所示，这种折叠机构包含对称的山和谷折叠。

图5-57　围绕中心体缠绕的折叠

这个折叠收拢方式发明于20世纪60年代初，原本是一个专门用来紧密折叠汽车防水帆布顶盖的卷轴。该装置包含一个连接到车顶的固定部分和一个连接防水帆布的转动芯轴。当芯轴旋转时，帆布会逐步卷绕到芯轴上。

图5-58　美国国家航空航天局设计的太阳能电池阵

美国国家航空航天局设计出类多边形折叠机构太阳能电池阵（图5-58）。该机构是由一系列边长相关的三角形、矩形和梯形按照一定的规则，绕中心正多边形排列得到。该机构的特点是折展比较大，整体具有旋转对称性，可以围绕着中心多边形对每个区域的顶点进行相似的构造扩展，从而使整体结构不断延伸，被广泛应用于平面可展薄膜结构的设计（图5-59）。

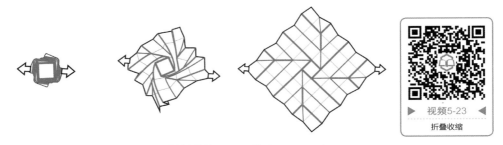

▶ 视频5-23 ◀

折叠收缩

图5-59　折叠收缩和展开状态

# 5.6 机械超材料

机械超材料是21世纪以来出现的一类新材料，具备天然材料和传统材料所不具备的特殊机械性能，而且这些性质主要来自人工的特殊结构。超材料的设计思想昭示人们，可以在不违背基本物理学规律的前提下，人工获得与自然界中的物质具有迥然不同的超常物理

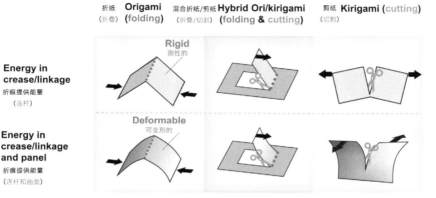

图5-60　折纸机构与机械超材料

性质的新物质（图5-60）。

　　折纸是可以将二维材料转换成复杂的三维结构的设计方法，为超材料的设计提供了一种新的思路，而且这种几何设计方法不受模型尺寸和材料的限制。研究人员将基于折纸机构的超材料分为三类：基于折纸的超材料（仅折叠）、基于剪纸的超材料（仅切割）、基于折纸－剪纸混合的超材料（既折叠又切割）。

　　基于折纸的机械超材料可以应用于许多领域，如柔性电子、医疗设备、机器人、土木工程以及航空航天工程等。纸可被用来作超材料的原型，但纸的脆弱性和可塑性存在一定的限制。该研究为探索具有不同性质的，薄或厚、软或硬、弹性或塑料的超材料提供了帮助。

　　通过巧妙设计，高分子材料能实现自折叠过程。无须引入特殊材料，研究者利用高分子光聚合时的体积收缩效应，完成了有趣的"折纸"，折出了多面体胶囊、花瓣以及纸鹤。该研究在可穿戴电子器件、软机器人、生物医学以及力学超材料等领域展示出广阔的前景（图5-61）。

　　超材料通过切割和折叠纸张以获得3D形状。与折纸相比，切割的选项为超材料提供

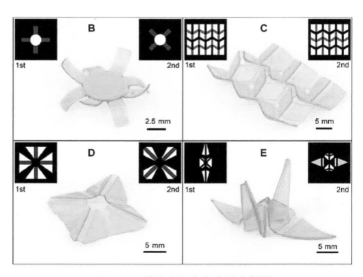

图5-61　利用光聚合高分子自折叠

了更好的几何形状灵活性，因为它可以从单个或两个创建复杂的3D形状表面。

布里斯托大学的工程师们有一个不同的想法：他们想创造一种可以改变自身形状的机械超材料。其研究基于剪纸设计原则，对系列细胞超材料的运动学进行了新的研究。这项技术能够创建具有工程切割和折叠的蜂窝结构。这些结构可以产生较大的形状和体积变化，并具有极强的方向性和可调节的机械性能。该团队的超材料是用聚醚醚酮（PEEK）薄膜生产的，这是一种具有良好成型性的薄膜材料。他们将薄膜切割、起皱并折叠成开放的蜂窝状结构，通过操纵切割图案，可以在蜂窝中引入孔或通道，允许将不同的传感和电子系统集成到结构中，从而产生一种智能的变形材料（图5-62）。

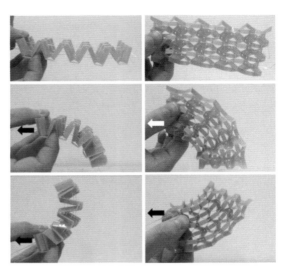

**图5-62　应用剪纸蜂窝结构的超材料**

受到折纸球（一种应用纸条进行折叠编制的纸球折叠方法）的启发，科学家发明了基于模块化单元的折纸。如图5-63所展示的那样，可以用这个模块化的折纸结构搭建出复杂的几何多面体。亨利·施特罗布尔（Heinz Strobl）等发明的这些折叠结构促成了可变形超材料的新设计。用这种方法设计出的多面体几何形状中的橙色二十面体（图5-63b）是刚性的；而另一个蓝色的结构则具有多个自由度并且很容易变形。

哈佛大学的约翰·A.保尔森工程与应用科学学院的研究人员从剪纸中汲取灵感，以快速、轻松地改变材料的结构和功能。剪纸不是折叠，而是依靠切割来改变材料的结构和功能。这样，通过简单地拉伸切割材料，可以将薄的、穿孔的平板转

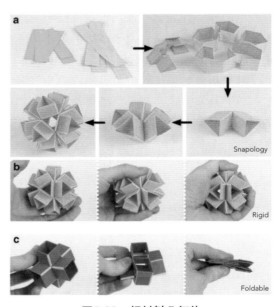

**图5-63　超材料几何体**

a.Snapology是一种模块化的、基于单元的折纸，其中纸带被折叠并"卡扣"在一起以组装挤出的多面体，例如a所示的挤出二十面体。b.可以用这种方式制作的一些几何形体，包括挤压二十面体，而且几乎是刚性的。c.相比之下，这个蓝色可挤压立方体，具有多个自由度，并且很容易变形。

变为可折叠的3D结构。研究人员发现，当施加足够大的拉伸时，会触发屈曲，从而形成包含组织良好的图案的3D结构。如果材料被拉伸得更多，暂时的变形就会变成永久性的褶皱。可以通过改变切口的方向来控制材料的弹出图案和由此产生的机械性能（图5-64）。

▶ 视频5-24 ◀
超材料结构

图5-64　超材料结构

# 5.7 机巧装置

　　机巧装置（Automata）是起源于古希腊时期的机械装置，又称为"自动机械装置""人偶机"等，是一种历史悠久且充满智慧与趣味的机构设计。通过结构性"编程"，将理性的机械语言转化为感性的情境表演，呈现出动态叙事的效果。动静结合的形态意趣配以机构赋予的独特幽默感，让机巧装置这种装置艺术充满神奇的魅力。

　　机巧装置通过机械传动将力分解并重构，实现模拟动态的木偶机构。构建与创造是机巧装置设计过程的体现，用机械部件设计并搭建一个能够切实运转的结构，同时在这个过程中作者发挥创造性，在理性的机构运转上创造感性的戏剧化情节，以及视觉化的场景展现和细节刻画。机巧装置的形式与功能始终围绕着构造进行（图5-65～图5-67）。

图5-65　天空梦想家/机巧装置/向木而生

图5-66　海龟/机巧装置/陈学建

▶ 视频5-25 ◀
会生蛋的鸭

图5-67　会生蛋的鸭/机巧装置/原田和明/日本

早期的机巧装置主要是模仿人或动物动作。古希腊科学家们用这种原始机械来展示科学原理，这成为这个词汇的源头。18—19世纪，机巧装置迎来了黄金时代，当时欧洲的工匠们不仅可以制作精密的机械钟表，还能制造出会写字、画画、演奏乐器的机械人偶（图5-68）。位于英国伦敦的卡巴莱机械剧院通常被视为是现代机巧装置的博物馆，它的创始人

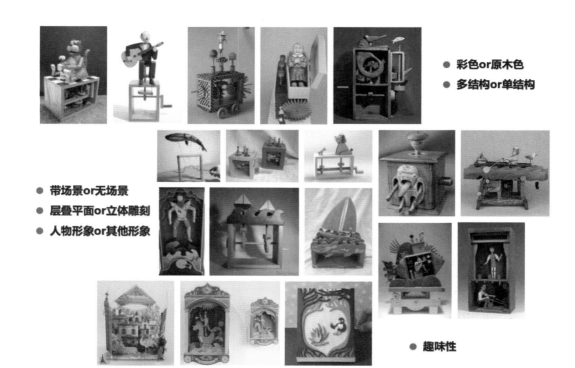

- 彩色or原木色
- 多结构or单结构

- 带场景or无场景
- 层叠平面or立体雕刻
- 人物形象or其他形象

- 趣味性

图5-68　机巧装置

苏·杰克森（Sue Jackson）将机巧装置定义为"被精妙的手段赋予生命的机械物"。从这个定义看来，机巧装置所具有的显著特征就是"活"的，仿佛是有生命的。

20世纪以后，电子元件和人工智能终结了机械时代的辉煌，原始的机械审美却在玩具和艺术领域重获新生。机巧装置这门古老技艺在一些机械艺术家手中发展成了一种独具个性的装置艺术，经过多年发展，已在世界各地拥有了一批拥趸。本章节介绍的部分案例，可以通过图5-69、图5-70所示的网站下载素材文件进行创作。

**折叠六边形折纸**
这种折叠的六角形折纸在打开时表面积增加了近300%。

**恒力机构**
恒力机构通过特定的运动范围提供恒定的阻力。

**八立方折纸**

**Flasher折纸**

**旋转环**
折纸

**防弹屏障**
折纸

**图5-69 美国杨百翰大学机构运动研究网站纸模**

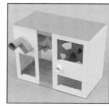

**图5-70 robives网站基本机械结构纸模**

# 机巧装置

要求：在前期的资料收集和讨论后，选择1～3个设计概念，构思草图，动手制作模型草稿。注重将情感注入其中，不要做成一个单纯的机械模型，要有趣味和意义，这是装置设计的重要因素，在不断完善的基础上完成艺术创作。设计版面（A3、横版）和视频。

材料：PVC模型板、彩色笔、白乳胶等。

尺寸：180mm×100mm，高度可以根据设计意图确定。见图5-71～图5-76。

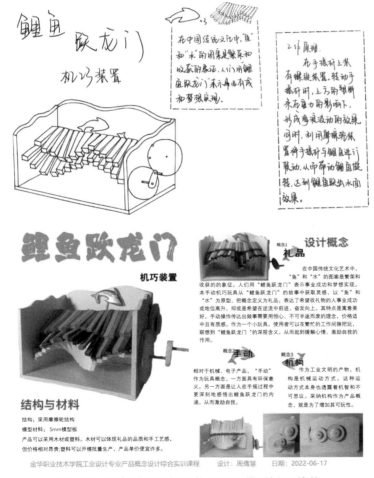

**鲤鱼跃龙门**

**机巧装置**

### 设计概念

**概念1 礼品**

在中国传统文化艺术中，"鱼"和"水"的图案是繁荣和收获的象征。人们用"鲤鱼跃龙门"表示事业成功和梦想实现。本手动机巧玩具从"鲤鱼跃龙门"的故事中获取灵感，以"鱼"和"水"为原型，把概念定义为礼品，表达了希望收礼物的人事业成功或地位高升，抑或是希望在逆流中前进，奋发向上。其特点是寓意美好，手动操作传达出做事需要用恒心、不可半途而废的理念，价格适中且有质感。作为一个小玩具，使用者可以在繁忙的工作间隙把玩，联想到"鲤鱼跃龙门"的深层含义，从而起到缓解心情、激励自我的作用。

**概念2 手动**

相对于机械、电子产品，"手动"作为玩具概念，一方面具有环保意义。另一方面是让人在手摇过程中更深刻地感悟出鲤鱼跃龙门的内涵，从而激励自我。

**概念3 机构**

作为工业文明的产物，机构是机械运动方式。这种运动方式本身也透露着机智和不可思议。采纳机构作为产品概念，就是为了增加其可玩性。

### 结构与材料

结构：采用摩擦轮结构

模型材料：5mm模型板

产品可以采用木材或塑料。木材可以体现礼品的品质和手工艺感，但价格相对昂贵；塑料可以开模批量生产，产品单价便宜许多。

金华职业技术学院工业设计专业产品概念设计综合实训课程　　设计：周倩慧　　日期：2022-06-17

▶ 视频5-26 ◀
鲤鱼跃龙门

**图5-71　鲤鱼跃龙门/机巧装置/PVC模型板/周倩慧**

图5-72　乘风破浪/机巧装置/PVC模型板/蔡睿琦

▶ 视频5-27 ◀
乘风破浪

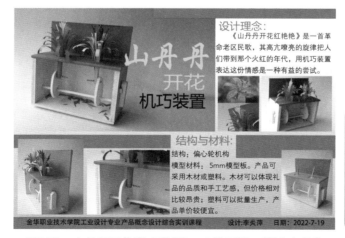

图5-73　山丹丹开花/机巧装置/PVC模型板、彩纸/李炎萍

▶ 视频5-28 ◀
山丹丹开花

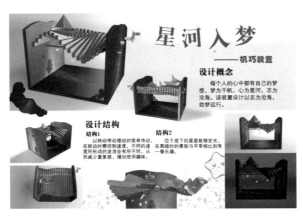

视频5-29

星河入梦

图5-74　星河入梦/机巧装置/3D设计/王航波

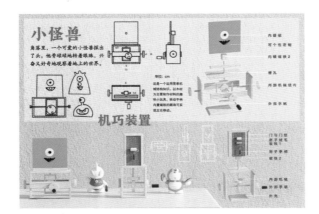

图5-75　小怪兽 /机巧装置/3D设计/柴静博、李婷婷、吴开睿

图5-76　小企鹅 /机巧装置/3D设计/洪明辉、余煊、张睿

## 折纸

　　要求：体现折纸机构的两个特性——结构合理性和形状可变性，将柔软的纸张变成拥有一定刚度的结构。通过巧妙构思将折纸的思想运用到折叠结构中，实现结构的折叠与展开。选择一个基本形体，探索合理的连接结构，设计一个从收拢到展开的折纸机构。制作模型、A4版面和视频。

　　材料：卡纸、白乳胶等。见图5-77、视频5-30、视频5-31。

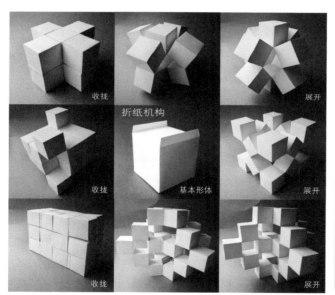

► 视频5-30 ◄
呼吸的盒子

► 视频5-31 ◄
开放的盒子

**图5-77　盒子/折纸机构/吴立立**

## 逆风行驶

　　要求：设计并制造一辆能逆风行驶的小车。以20W电风扇提供的风力作为小车前进的动力（小车在距离电风扇2m处起步），小车本身不能有任何形式的电力或引力提供动力，至少能逆风行驶1.5米的距离。作业要求提供草图、模型、A3版面和视频。材料不限。

尺寸：尺寸控制在30cm×30cm×30cm范围内。见图5-78～图5-80。

图5-78　O逆风行驶/模型板、KT板、
塑料瓶盖、棉线等/殷孙峰

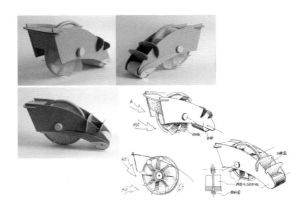

图5-79　逆风行驶/KT板、
塑料地板、煤气胶管、瓶盖等/吴立立

图5-80　逆风行驶/KT板、塑料盆、饮料瓶等/施高苍

第 **6** 章

# 结构

　　构造是产品的构成方式，由材料按照一定的方式组成，从而实现其产品功能。而结构是指产品各个功能部件的组成方式，如卡扣结构、插接结构、弹性结构等。此外，材料因其特性而呈现出不同的结构特征，如木结构、钢结构、透明结构等。在产品设计中，结构不仅是实现产品功能的物质承担者，还丰富着工业产品的形态，是功能与审美的结合点之一。

　　如图6-1所示是结构和美学完美结合的经典设计——丹麦设计大师汉宁森设计的防眩光结构灯具。所以说，结构决定了产品的功能和形态，并且涉及人机、材料、工艺、美学等多种因素。这些工程知识是产品设计师必须具备的。著名工业设计大师罗维和克拉尼年轻时都具有良好的工程学背景。罗维有句名言：当我能够把美学的感觉与工程技术基础结合起来的时候，一个不平凡的时刻必将到来。

**图6-1　PH系列灯具/汉宁森/丹麦**

　　如果说产品造型是借助艺术想象力、经验和直觉，那么，结构设计更多的借助逻辑思维能力，这是一项复杂而又仔细的工作。设计师必须掌握和遵从某些原则，譬如力学原理、可持续发展原则等。传统工业社会的消费模式将自然资源转化为产品以满足人类自身的需求，而用过的物品被当作废物抛弃。消费越多，废物亦越多，而自然资源却越来越少，从而造成了资源的过度消耗和环境的退化。从这个意义上说，产品结构设计所要解决的就不仅仅是材料、工艺、结构等的问题，而要从源头上融入可持续原则，才能提升人类生活品质。

　　可持续发展已成为当今社会方兴未艾的重要理念，在此理念下的产品设计有个形象化的名称"绿色设计"，即在产品设计和生产的各个环节以节约能源资源为目标，减少废弃物的产生，以保护环境、维持生态平衡。鉴于此，本章以绿色产品结构设计作为主要内容（图6-2）。

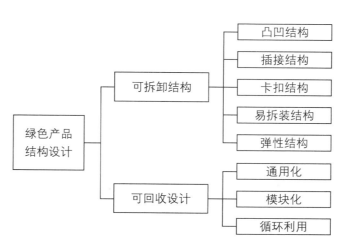

**图6-2　绿色产品结构设计概念图**

# 6.1 绿色产品结构设计

人类社会近百年的现代化运动创造了丰富多彩的物质财富，其主要手段和途径就是工业化。以批量生产的方式为大众提供各种人工消费品，创造现代生活方式的同时加速了自然资源的快速消耗。尤其在商业利润的刺激下，甚至提出"有计划的废止制"，即通过人为的方式使产品在短时间内失效，从而迫使消费者不断地购买新产品。这种以经济利益驱动的商业模式造成的能源危机、资源匮乏、环境恶化的后果，迫使人们思考这种不可持续的经济发展模式能走多远。

早在20世纪60年代末，美国学者维克多·巴巴纳克（Wictor Papanek）在其《为真实世界而设计》一书中就强调设计师的社会责任和伦理价值，认为设计的最大作用并不是创造商业价值，也不是在包装和风格方面的竞争，而是作为一种适当的社会变革过程中的元素。设计应该认真考虑有限的地球资源的使用问题，并为保护地球的环境服务。该书问世后不久美国就爆发能源危机，书中提出的有限资源论才引起注意。经济的可持续发展、绿色设计等概念从此受到重视。

"绿色产品"是20世纪70年代美国政府在起草环境污染法规中首次提出的概念。由于对产品"绿色程度"的描述和量化还不明确，到目前为止还没有公认的权威定义。在名称上也不尽相同：比如环境协调产品、环境友好产品、生态友好产品等。就产品设计而言，绿色产品包含以下三个方面的内容：

① 产品在生命周期全过程中利用资源和能源较少，并且不污染环境；

② 产品在使用过程中能耗低，不会对使用者造成危害，也不会产生环境污染物；

③ 产品使用后易于拆卸、分解、回收、翻新或者能够安全废置并长期无害。

三个方面的前两项涉及材料、工艺、能源等因素，这方面内容本书不展开讨论。最后一项就是绿色产品结构设计，涉及产品是否易于使用、拆卸、维护等，以及产品报废后的可用部分能否得到有效回收和重新使用，以实现节约资源和保护环境的目的。绿色产品结构设计包含下列概念：

① 基于减量与节约材料的设计。所谓减量就是在产品设计、生产、包装、运输的各个环节，包括原材料、能源、包装物料等方面都要从结构设计本身来考虑资源的节约。如图6-3所示是2002年德国"红点"获奖作品。其特点是酒标不是纸质标签，而是采用浮雕形式刻在啤酒瓶上，让人可以通过触觉认知品牌。这是典型的减量设计，节省了啤酒纸质标贴、贴标贴的胶水、回收啤酒瓶去掉标签的洗刷工序，以及一系列的人工水电费用等。

② 基于分解与可拆卸的设计。产品的可分解设计主要体现在产品在包装上可以缩小体积，节约运输成本；产品报废后可以将不同性质的材料分别回收。过去木结构的家具都是整体销售、运输到用户居住地的。如果是高层住宅还要从窗外吊装上去才能搬进居室。现在的家具部分是拆装式的，从商店买回来的都是板材，根据图纸就能简单安装。如图6-4所示的台灯就是一件典型的可拆卸产品，具备便于包装、网购、材料分解回收等绿色产品的多项指标。

③ 基于回收与再利用的设计。在产品设计的初始阶段就考虑产品废弃后的再利用，在绿色设计概念里称之为"全生命周期设计"。如图6-5所示的啤酒瓶，其与众不同之处是形状是方形的。这个概念的形成来源于一个小故事：荷兰喜力啤酒公司的总裁阿尔福德·喜力到安德列斯群岛旅行时，发现人们居住的简易小屋和街道上到处都有被丢掉的啤酒瓶。于是他产生了一个一箭双雕的主意——生产"生态啤酒瓶"，一改圆形瓶造型，采用四四

图6-3　没有标签纸的啤酒瓶

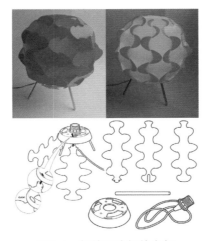

图6-4　部件可分解的台灯

图6-5　能再次利用的啤酒瓶

方方的形状，可用作砖头成为建筑材料。这种将产品的使用功能和再利用重新审视的方法在自然资源越来越缺乏的今天和将来显得尤为有价值。

**？ 思考题**

1. 怎么理解可持续发展的概念？以某一产品为例，简述绿色设计与现代生活的关系。

2. 制作PPT在全班交流（不少于10页）。

# 6.2 可拆卸结构

可拆卸结构根据其设计目标分为两类：一类是面向回收和再利用的设计，主要考虑产品达到寿命终结时，尽可能多的零部件可以被翻新或重复使用，以节省成本、节约资源，或者把一些有害环境的材料安全地处理掉，避免废旧产品对环境造成污染；另一类是面向产品维护的设计，提高产品的可维护性，在产品的生命周期内，便于零部件的维护。可拆卸结构设计的几个准则：

① 明确拆卸对象。明确产品废弃后，可拆卸零部件的种类、拆卸方法、再利用方式等。

② 减少拆卸工作量。减少零件种类和数量，简化结构，简化拆卸工艺，降低拆卸条件和技能要求，减少拆卸时间。在具体结构的设计中，尽量使用标准件和通用件，尽量使用自动化拆卸，采用模块化结构，以模块化方式实现拆卸和重用。

③ 简化连接结构。采用简单连接方式，减少紧固件种类和数量，预留拆卸操作空间。

④ 易于拆卸。提高拆卸效率，提高可操作性。

⑤ 易于分离和分类。应设置合理、明显的材料类别识别标志（如模压标志、条码及颜色等），便于分类识别、回收；尽量避免二次加工表面（如电镀、涂覆等），附加材料会给分离造成困难；尽量减少镶嵌物。

⑥ 预见产品结构的变化。产品使用过程中由于磨损、腐蚀等因素造成产品状态变化。

### 6.2.1 凸凹结构

汉字的"凸凹"两字就形象化地显示了这种结构的视觉特征。类似于平面设计的正负图形，凸凹结构早在1915年就以卢宾（Rubin）的名字来命名，又称为卢宾反转图形（图6-6）。平面设计中的正形与负形是靠彼此的边界来互相界定的，且相互作用。当正负形相互借用，图形的边线隐含着两种各不相同的含义，我们称之为边线共用。而产品设计中的凸凹结构是一种基于三向度连接的结构。常见的凸凹结构可以分为平面结构和立体结构。

图6-6　卢宾反转图形

平面凸凹结构是一种基于平面正负图形进行形态匹配和形态契合，通过平面正负图形的纵向拉伸形成的三维契合结构。如图6-7所示的无扣环手表表带，是一款基于注塑成型技术的平面正负结构表带。和常见的表带采用扣环结构使手表固定在手腕上不同，它的设计是一个创新性的自锁式的固定系统。表带的内环是正负结构中的正形结构，采用的是凸起的菱形颗粒的设计，形成了富有节奏美感的内环结构。表带的外环是正负结构中的负形结构。内环的正结构和外环的负结构，遍布整个表带的表面，使产品在不需要扣环的前提下还可以做到尺寸的自由调节和表带的固定。这款表带是自锁结构里的一款利用现代材料和技术的巧妙设计。

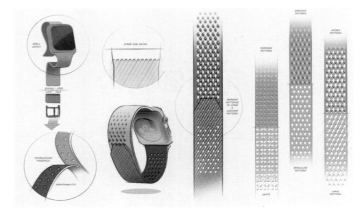

图6-7　手表带设计/Layer Design

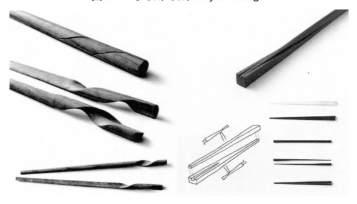

图6-8　筷子设计/Nendo设计工作室/日本

立体凸凹结构比起平面正负结构就更为复杂了，需要进行的空间形态匹配也更为复杂。图6-8所示是利用立体正负结构设计的筷子。这两款筷子的主要设计诉求是，如何让一双筷子看上去更像是一个整体。富有曲线结构的筷子，在成对组合的时候可以合为一体，呈圆柱状，需要时又能旋开。这款筷子里面巧妙地利用了正负结构原理，生动阐释了正负结构设计的魅力。

### 6.2.2 插接结构

插接是一种典型的可拆式固定连接结构，也是产品固定零部件常用结构，通常采用在产品零部件上开槽或者切口的方式，进行装配上的匹配和安装。插接常见于板材类产品的结构设计之中，在单元面材上切出插缝，然后互相拼插，通过单元面材之间的互相钳制而建构出立体的形态。日常生活中经常会遇到用采用插接方式的用具连接、固定、悬挂等的情况。还有的产品在互相固定的零部件上设置相应的插接结构以便安装和拆卸，特别适用于模块化的系列产品。如图6-9所示是以竹合板为材料的快递包装盒。盒体的六个侧面板采用插接结构设计，不用胶水等黏结剂，借助结构的自锁功能组成一个结构稳定的盒体；竹子的物理性能保证包装盒可以反复使用，而且竹材具备可降解性质，可以进一步减少包装物料对于环境的影响；可作为高档商品，如瓷器、茶叶、工艺品、礼品等的包装，当包装功能完成后可作为收纳盒，起到一物多用的作用。

图6-9　模块化快递包装箱/叶丹

### 6.2.3 卡扣结构

卡扣结构是一种方便快捷而且经济适用的产品装配结构，在产品设计中有着非常广泛的应用。出于安装简便和节约生产成本的考虑，卡扣结构在产品结构中越来越重要。卡扣结构避免了用螺纹连接、夹紧、粘贴等其他的连接方法，是因为卡扣的组合方式在装配的时候不需要配合其他的紧锁零件，只需要互相配合扣上即可。

卡扣设计可以有很多几何形状进行互相的装配配合，但是其操作原理大致相同：当两件零件扣上时，其中一件零件的钩形伸出部分被相接零件的突出部分推开，直至突出部分安装到位为止。同时，借助塑性材料的弹性，钩形伸出部分即时复位。

卡扣结构按形式可以分为两种：环形卡扣结构和单边卡扣结构。按照功能来分，可分为永久型和可拆卸型（图6-10、图6-11）。永久型卡扣结构的设计方便装上但不容易拆下，可拆卸型卡扣结构的设计则安装、拆卸均十分便捷。其原理是可拆卸型的钩形伸出部分附有适当的导入角和导出角，方便安装和拆卸。导入角和导出角的大小直接影响安装和拆卸时所需力度。永久型的卡扣结构只有导入角而没有导出角的设计，只要安装完毕，结合部分就会形成自锁的状态，不容易拆下。

如图6-12所示，是一件以木质纤维板材为材料，运用激光切割进行加工，以可拆卸卡扣结构为主体的灯具设计。与常见的层叠式拼插或十字拼插结构不同，卡扣结构的产品更稳固耐用，并拥有良好的可拆卸性能。发光的灯头隐藏在灯具造型之中，光线通过反射和折射将光线弥漫出来，形成别有情趣的光环境。

### 6.2.4 易拆装结构

易拆装结构是指设计时考虑到实际使用情况，将产品的各个部分设计成在一定范围内可以进行组合变化的结构，形成特定结构的功能器具。在使用的时候，可以方便地把产品部件组成一个整体。在不需要使用的时候，又可以把它们方便地拆除。易拆装结构有利于产品的保管，方便运输，这是易拆装结构显而易见的优点。在目前废弃物处理日益严峻的今天，易拆装结构对产品设计而言已经非常重要。

易拆装结构涉及产品结构设计中的

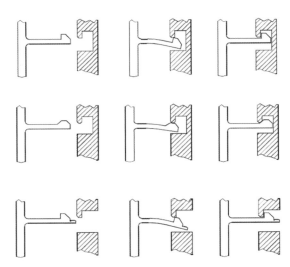

上图：永久式环形卡扣，中图：可拆卸单边卡扣，下图：可拆卸环形卡扣

**图6-10　环形卡扣结构**

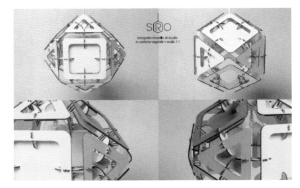

**图6-11　单边卡扣结构**

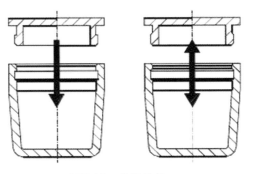

**图6-12　卡扣结构**

模块化设计和通用化设计的概念，便于有效利用资源以及资源的回收利用，同时也可以增加用户的参与热情和使用度，为其生活增添情趣。图6-13展示了一款灯具所有部件的形态和数量，利用这些部件可以拼装出一款钻石形态的灯具。

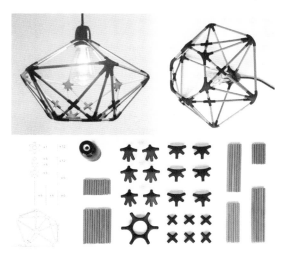

**图6-13　钻石灯及组件**

　　如图6-14所示是一款可以让购买者轻松拆装的创意家具设计。设计师为了使用户组装时更加方便，将这个小凳子的结构设计得十分巧妙，只需要通过简单的插接就能够组装出结实的家具来，组装过程也如同安装玩具一样充满乐趣。这个可爱又美观的小凳子在造型上并没有太多特别之处，其特色在于，这款凳子的各个部件的衔接没有采用螺丝螺帽的常规设计，而是采用了榫卯结构的穿插镶嵌工艺。将各个部位设计出了如同积木一般的卡槽和装置，让用户可以轻松地进行组装，且在组装的过程中充分体验到乐趣。

**图6-14　小凳子及易拆装结构/Zanocchi & Starke**

### 6.2.5　弹性结构

　　弹性是一个物理学名词，是指物体在外力作用下发生形变，当外力撤销后能恢复原来的大小和形状。将弹性原理运用到产品结构中，会形成一些巧妙的设计。弹性结构在产品中的运用体现在两个方面：a.运用具有弹性的材料来完成固定、安装、紧固等（图6-15）；b.运用材料和结构的弹性特点来实现产品功能。如图6-16所示的"聪明的"咖啡桌，就是一款利用弹力绳自锁结构的咖啡桌。

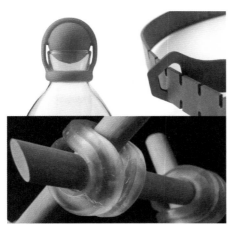

图6-15　弹性材料的连接

图6-16　"聪明的"咖啡桌

　　如图6-17所示的打蛋器设计，运用材质自身的弹力，上下按压便可实现旋转功能。简单的工艺、低成本的方案、高效率实现功能，是这款产品的设计亮点。智利设计师受到用于拳击比赛的拳击台的启发，设计了一款以木质结构为主，结合松紧绳（也叫弹簧绳、皮筋绳）的边柜（图6-18）。松紧绳可以很容易地从边柜上装配或拆卸，松紧绳的运用在于展现边柜里面放置的物品，同时又隐藏了边柜中放置的物品。柜子的边板采用的是多层板，配以木质桌脚，而松紧绳具有高度的弹性。它们的拆卸非常便捷，并且提供了一种特殊的使用效果。

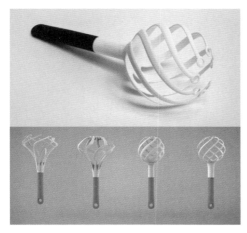

图6-17　打蛋器

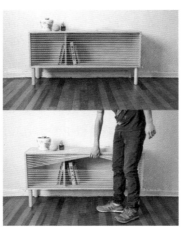

图6-18　木质边柜设计

# 6.3 可回收结构

"可回收设计"是针对具体产品的一个概念，在设计最初阶段就考虑到产品未来的回收及再利用问题，可使产品回收利用率大幅提高，从而节约相关开发、生产费用，并降低对环境的污染。可回收设计涉及造型、材料、工艺等重要因素，属于绿色设计的一个重要内容。具体包括以下几个方面。

① 减少产品中不同种材料的种类数，简化回收过程，提高可回收率。

② 连接件应具有易达性，降低拆卸的困难程度，减少拆卸时间，提高拆卸效率。

③ 提高重用零部件的可靠性，便于产品和零部件得到重用。

④ 便于翻新和检测，以简化回收过程，提高回收价值。

⑤ 提高零部件的通用性和互换性。减少零件数量，减少拆卸工作量。

⑥ 尽可能采用模块化设计，使各部分功能分开，便于维护、升级和重用。

### 6.3.1 通用化

通用化是指在同一类型不同规格或不同类型的产品中，使用途相同、结构相似的零部件，经过统一设计后，成为可以彼此互换的标准化形式，是对某些零件或部件的种类、规格，按照一定的标准加以精简统一，使之能在类似产品中通用互换的技术措施。经过统一后，可通用于产品中的零件或部件，称为通用件。

通用化结构是最大限度地扩大同一单元适用范围的一种标准化结构形式。它以互换性为前提。互换性有两层含义，即尺寸互换性和功能互换性。功能互换性问题在设计中非常重要。通用性越强，产品的销路就越广，生产的机动性越大，对市场的适应性就越强。

产品通用化就是尽量使同类产品不同规格，或者不同类产品的部分零部件的尺寸、功能相同，可以互换代替，使通用零部件的设计、工艺与制造的工作量都得到节约，还能简化管理，缩短设计试制周期。如图6-19所示的是同一种类的部件可以组合出不同类型、形态各异的灯具产品。它们都由相同的部件组装而成，只需要根据不同的功能进行组合设计，就可以形成不同的产品（图6-19）。

系列产品的设计要全面分析产品及派生系列中零部件的个性与共

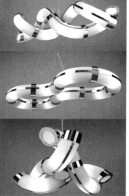

**图6-19 不同功能、形态各异的灯具**

性，从中找出具有共性的零部件，先把这些零部件作为通用件，再根据情况设计成标准件。对系列产品中的零部件经过认真研究和选择后，尽量进行通用化设计，这叫全系列通用化。而设计单一产品时，也尽量采用通用件。新设计的零部件应充分考虑到后续产品，逐步发展为通用件。

### 6.3.2 模块化

模块化与通用化有着密切的关系，要通用化必须首先做到模块化；反之，模块化的好坏又以通用化为衡量的标准之一。通用化重点强调规范、标准，是通过贯彻统一的标准和规范来实现的。

模块化设计是将产品分成几个部分，也就是几个模块。每个模块具有独立功能。模块之间具有一致的几何连接接口和输入输出接口，相同种类的模块在系列产品中可以重用和互换，相关模块的排列组合可以形成功能多样的产品。通过模块的组合配置，就可以创建不同功能的产品，满足用户的定制需求。相似性单元的重复利用，可以使整个产品生命周期中的采购、物流、制造和服务的效率得以优化。

如图6-20所示的可自由配置、组装的模块化书柜，可以通过模块单元的组合叠加，在空间、功能上产生更多形式，为用户营造个性迥异的空间。模块化设计降低了生产、运输和存储的成本。

图6-20　模块化书柜

### 6.3.3 循环利用

产品的循环利用是将无用品或者报废品变为可再利用材料的过程。它与重复利用不同，后者仅仅指再次使用某件产品。自从丹麦学者阿尔丁提出"面向再循环设计"的思想以来，发达国家十分重视产品设计的循环利用议题。考虑产品生命的全过程，降低产品使用后的处理成本成了设计师应尽的社会责任。

雨伞是一种高损耗率的产品，全球一年要用坏掉很多把伞，并且损坏的方式还各不相同。有的是伞把坏了，有的是骨架坏了。一般情况下，坏了一个部件，整个伞也就报废了。这样就会造成很多的资源浪费。设计师花了三年的时间，设计出了一款更耐用并且100%可回收的雨伞。雨伞的骨架采用聚丙烯材料，在保证强度的同时有一定的灵活度，并在不同部件件采用特殊的连接方式，而并非传统的螺钉连接，让骨架在"关节"的部分更耐用。一把普通的伞完全拆开有大概有120个零部件，而这把伞只用20个零件，这也意味着更少的磨损和更长的寿命。最重要的是，它可以直接扔进垃圾桶被回收。仔细看看连接的"关节"部分，完全没有出现任何螺丝钉（图6-21）。

图6-21　雨伞/Federico Venturi、Gianluca Savalli、Marco Righi

## 课题研究

### 易拆装结构产品设计

要求：随着绿色产品设计理念的传播，以及网络购物的兴起，易拆卸产品越来越引起人们的重视，主要是其减少了运输仓储的成本。易拆装结构设计是指设计时考虑到产品使用和运输情况，将产品的各个部分设计成在一定范围内可以进行组合变化的结构，形成特定结构的产品。本课题以此为课题，设计一件小型的易拆卸产品。作业要求：结构图、平面图、3D打印模型或其他材料模型、组装图等。材料不限。

作业规格：A3纸，彩色打印稿和电子文档。见图6-22～图6-25。

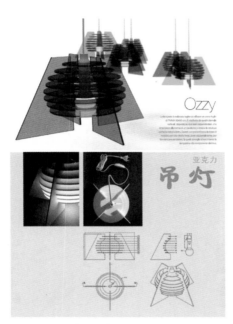

图6-22　Ozzy吊灯/亚克力/米兰理工大学学生作业

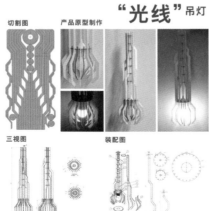

图6-23　"光线"吊灯/亚克力/米兰理工大学学生作业

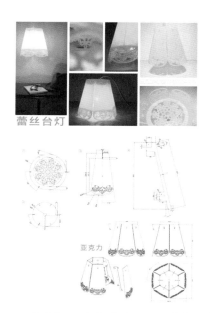

图6-24　蕾丝灯/亚克力/米兰理工大学学生作业

图6-25　"绽放-盛开"台灯/3D打印/郑蔺苪、钟逸璇

# 参考文献

[1]　[荷]代尔夫特理工大学工业设计工程学院. 设计方法与策略化[M]. 倪裕伟，译. 武汉：华中理工大学出版社，2014.

[2]　柳冠中. 事理学论纲[M]. 长沙：中南大学出版社，2006.

[3]　杨砾，徐立. 人类理性与设计科学——人类设计技能探索[M]. 沈阳：辽宁人民出版社，1988.

[4]　[美]亨利·佩卓斯基. 器具的进化[M]. 丁佩芝，陈月霞，译. 北京：中国社会科学出版社，1999.

[5]　[美]贝拉·马丁，布鲁斯·汉宁顿. 通用设计方法[M]. 初晓华，译. 北京：中央编译出版社，2013.

[6]　郝德永. 课程研制方法论[M]. 北京：教育科学出版社，2000.

[7]　[日]佐藤大. 佐藤大：用设计解决问题[M]. 邓超，译. 北京：北京时代华文书局，2016.

[8]　叶丹. 基础设计[M]. 南昌：江西美术出版社，2009.

[9]　许㦯青. 绿色设计[M]. 北京：北京理工大学出版社，2013.

[10]　张伟社. 机械原理教程[M]. 3版. 西安：西北工业大学出版社，2013.

[11]　Walter Ruffler. Paper Models That Move：14 Ingenious Automata，and More[M]. Dover Publications，Inc.，2011.

[12]　孙开元，张丽杰. 机构设计及应用图例[M]. 3版. 北京：化学工业出版社，2018.

[13]　[日]门田和雄. 从零开始学机械[M]. 李牧，李连进，译. 北京：化学工业出版社，2021.

[14]　[日]池田茂，中西佑二. 从零开始学机械设计[M]. 王明贤，李牧，译. 北京：化学工业出版社，2020.

[15]　[意]佩来格里诺（S. Pellegrion）. 可展开结构[M]. 马小飞，宋燕平，等译. 北京：国防工业出版社，2016.

[16]　安明明. 空间可展开结构的分析与仿真研究[D]. 西安电子科技大学，2009.

[17]　蔡建国，李萌，冯健. 基于折纸元素的可展开结构形态与性能研究[M]. 北京：科学出版社，2021.

[18]　孙丽娜. 基于仿生原理的可展开结构设计[D]. 西安电子科技大学，2010.

[19]　Zhao Z，Wu J，Mu X，et al. Origami by frontal photopolymerization[J]. Science Advaces，2017，3：e1602326.

[20]　付进才. 基于基本单元的防锁机构的结构设计与应用[D]. 北京邮电大学，2021.

[21]　孟宪源，姜琪. 机构构型与应用[M]. 北京：机械工业出版社，2004.

[22]　林荣德. 产品结构设计实务[M]. 北京：国防工业出版社，2012.

[23]　朱大昌，李培，顾起华. 全柔顺并联机构理论[M]. 北京：冶金工业出版社，2013.

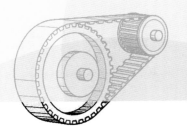

# 后记

　　"产品构造设计"是产品设计的工程基础课程，将产品制造的精神性和物质性概念，包括形态、功能、构造、人文等构建为系统工程知识。构造、结构等作为知识，在运用过程中却是思考方式和工具，学会选择和判断成为工程思维能力的关键。本书通过大量的实验课题去思考和活化知识，立足于现实教学环境，让学生在思考—动手的过程中提升能力。思考不仅是动脑，动手是更有效的思考，能让学生以从产品研发到产品运行的生命周期为载体，以主动的、实践的、多种知识有机联系的方式学习工程设计。

　　在写作过程中，有幸得到杭州电子科技大学和金华职业技术学院师生的鼓励与支持，在此深表感谢。此外，还要特别感谢姜葳、张振颖、施妍、倪韵、赵娜、张珊珊等老师对基础教学的参与，以及化学工业出版社编辑长期、可贵的支持！本书第三章由李婷编写、第五章和第六章由董洁晶编写，其他章节由叶丹撰写并统稿。书中引用的部分学生作品图可能存在不规范之处，出于尊重原创的考虑，做保留处理。

　　限于笔者的学识水平，本书不可避免地存在不足之处，恳请专家学者批评指正。

叶丹

2022年8月于杭州下沙高教园区